Verfahrenstechnik in Einzeldarstellungen
Herausgegeben von Dr.-Ing. J. Spangler und Dr.-Ing. W. Matz
3

Anwendung des Ähnlichkeitsgrundsatzes in der Verfahrenstechnik

Von

Dr.-Ing. W. Matz
Farbwerke Hoechst

Mit 29 Abbildungen

Springer-Verlag
Berlin / Göttingen / Heidelberg
1954

ISBN-13:978-3-540-01848-3 e-ISBN-13:978-3-642-45824-8
DOI:10.1007/978-3-642-45824-8

Vorwort.

Zwei wichtige Untersuchungsmethoden der Verfahrenstechnik in wissenschaftlicher und in praktischer Beziehung sind die Anwendung des *Ähnlichkeitsgrundsatzes* einerseits und der *Statistik* andererseits. Während sich diese letzte Forschungsrichtung, wenigstens bezüglich ihrer Anwendung auf die Praxis, dem Auge des unbefangenen kritischen Beobachters fast wie ein isolierter Punkt in der Mannigfaltigkeit der übrigen technischen Untersuchungsmöglichkeiten darbietet, so ist die erste Betrachtungsart im Sinne der Modellähnlichkeit viel häufiger anzutreffen und bei weitem der wirklichkeitsnahen Denkart des Verfahrensingenieurs besser angepaßt und ihm deshalb schon vertrauter geworden. Der Schiffbau, die Geburtsstätte des Ähnlichkeitsgrundsatzes, benutzt dieses Prinzip schon lange mit größtem Erfolg, die Strömungslehre und die Lehre vom Wärmeübergang bedient sich der Ähnlichkeitsüberlegungen erst in neuerer Zeit. Das Gebiet des Wärmeüberganges bei strömenden Flüssigkeiten war besonders geeignet, weil hier außer den NEWTONschen Trägheitskräften nur die REYNOLDSschen Zähigkeitskräfte zu berücksichtigen waren und somit eine durch Schwerekräfte nicht gestörte, vollkommene Ähnlichkeit vorlag. Auch im allgemeinen Maschinenbau, mit Ausnahme des Wasserturbinen- und Pumpenbaues, spielen Betrachtungen aus der Ähnlichkeitsphysik heute noch nicht die Rolle, die diese Methode eigentlich verdiente. Durchbiegungen und Festigkeitsbeanspruchungen von mehrfach gelagerten Transmissions- und Kurbelwellen sowie Eigenschwingungszahlen dieser werden meist noch unter großem Zeitaufwand mühsam errechnet, während hier Messungen am Modell und ihre modellgerechte Übertragung auf die Großausführung schneller und einfacher zum Ziele führen. In der chemischen Industrie und in den dieser verwandten Industrien sind modellähnliche Überlegungen außerordentlich wichtig. Diese Tatsache ist schon länger allgemein anerkannt, wie die Arbeiten von DAMKÖHLER[1] auf diesem Gebiete zeigen, und ihre Wichtigkeit wird in neuerer Zeit wieder durch die Veröffentlichungen TRAUSTELS[2]

[1] DAMKÖHLER, G.: Einfluß von Diffusion, Strömung und Wärmetransport auf die Ausbeute bei chemisch-technischen Reaktionen. Der Chemie-Ing., Bd. III, 1. Teil, S. 359.

[2] TRAUSTEL, S.: Modellgesetze der Vergasung und Verhüttung. Sammlung Scientia Chimica, Bd. 4. Berlin: Akademie-Verlag 1949.

betont. Gerade in der chemischen Industrie muß die im Laboratorium oder im Technikum aufgestellte Versuchsapparatur vom kleinen in den großen Maßstab der Betriebsapparatur modellgerecht umgerechnet werden. Bei diesen Übertragungen vom Kleinen ins Große erleben auch heute noch zuweilen die Verfahrensingenieure und Verfahrenschemiker Enttäuschungen dadurch, daß die Großausführung nicht die erwartete Ausbeute ergibt. Der Grund hierfür ist wohl darin zu erblicken, daß bei der großen Anzahl der zu gleicher Zeit zu erfüllenden Ähnlichkeitsgesetze keine vollkommene Ähnlichkeit erwartet werden kann, daß Ähnlichkeitskenngrößen stets nur auf ein Teilgebiet anzuwenden sind unter vorläufiger Vernachlässigung der betreffenden Störerscheinungen und daß zur erfolgreichen Berücksichtigung dieser nach einem Kompromiß gesucht werden muß, das durch Anbringung eines geeigneten Korrekturfaktors die unvollkommene Ähnlichkeit in eine vollkommene verwandelt. Beispiele solcher Umwandlungen werden in diesem Buche gegeben anläßlich der Behandlung der statischen Ähnlichkeit bei *gleichzeitiger* Berücksichtigung von äußeren Kräften und Eigengewichten und ferner für die Modellähnlichkeit von Destilliersäulen bei *gleichzeitigem* Auftreten von Zähigkeitskräften und Schwerekräften. Wenn auch in dem vorliegenden Band, um nicht zu weitläufig zu werden, auf eine vollkommen erschöpfende Behandlung aller Ähnlichkeitsfragen verzichtet werden muß, so soll doch versucht werden, die Grundlagen der Ähnlichkeitsphysik für die Verfahrenstechnik übersichtlich und geschlossen darzustellen und dem Leser die Möglichkeiten der Benutzung dieses Prinzipes auch in schwierigeren Fällen zu zeigen. Für wie wichtig das Ähnlichkeitsprinzip auch im Auslande von maßgebenden Forschern gehalten wurde, und wie schon vor fast 40 Jahren darüber gedacht wurde, mögen folgende Äußerungen des Engländers Lord Rayleigh[1] aus dem Jahre 1915 zum Ausdruck bringen:

I have often been impressed by the scanty attention paid even by original workers in physics to the great principle of similitude. It happens not infrequently that results in the form of "laws" are put forward as novelties on the basis of elaborate experiments which might have been predicted a priori after a few minutes' consideration.

However useful verification may be, whether to solve doubts or to exercise students, this seems to be an inversion of the natural order. One reason for the neglect of the principle may be that, at least in its applications to particular cases, it does not much interest mathematicians. On the other hand, engineers who might make much more use of it than they have done employ a notation which tends to obscure it.

I refer to the manner in which gravity is treated. When the question under consideration depends essentially upon gravity, the symbol of gravity (g) makes no appearance, but when gravity does not enter into the question at all, g obtrudes itself conspicuously.

[1] Lord Rayleigh: The Principle of Similitude. Nature, Bd. 95 (1915), S. 66.

Übersetzung: Daß sogar selbständig arbeitende Physiker dem großen Ähnlichkeitsprinzip wenig Aufmerksamkeit schenkten, hat mich oft beeindruckt. Nicht selten werden in Gestalt von „Gesetzen" auf der Grundlage sorgfältig ausgearbeiteter Experimente Ergebnisse als Neuheiten vorgebracht, die nach einer Betrachtung von wenigen Minuten a priori hätten vorausgesagt werden können. Wie nützlich auch zur Beseitigung von Zweifeln oder zur Übung für die Studenten eine solche Verwirklichung von Gesetzen durch den Versuch sein mag, so scheint dies doch eine Umkehrung der natürlichen Ordnung zu sein. Ein Grund für die Vernachlässigung des Prinzipes, wenigstens in seinen Anwendungen auf Sonderfälle, mag wohl der sein, daß das Prinzip bei den Mathematikern sehr wenig Interesse findet. Andererseits benutzen die Ingenieure, die von dem Prinzip einen viel größeren Gebrauch machen könnten als sie es bisher getan haben, ein Bezeichnungssystem, das das Prinzip zu verdunkeln geneigt ist.

Ich erwähne die Art, in der die Schwerkraft behandelt wird: Wenn die betrachtete Frage wesentlich von der Schwerkraft abhängt, tritt das Symbol der Schwerkraft (g) nicht in Erscheinung, wenn aber die Schwerkraft überhaupt nicht in Frage kommt, drängt sich g selbst auffällig in den Vordergrund.

Zum Schluß möchte ich an dieser Stelle noch meinen herzlichsten Dank sagen allen meinen Mitarbeitern, die mich bei der Abfassung dieses Bändchens unterstützten, insbesondere Herrn H. Schiller, der mit großer Gewissenhaftigkeit das Schreiben des Manuskriptes ausführte und Herrn Jng. Hammer, der die Abbildungen in diesem Buch in so vorzüglicher Weise gezeichnet hat. Ferner bin ich dem Springer-Verlag zu großem Dank verpflichtet für die schnelle und vorbildliche Drucklegung von Schrift und Zeichnungen.

So möchte ich denn dieses Bändchen der Öffentlichkeit mit dem Wunsche überreichen, daß es unter den Fachkollegen, allen wissenschaftlich und praktisch arbeitenden Ingenieuren und Chemikern, die der Verfahrenstechnik Interesse entgegenbringen, viele Freunde erwerben möge.

Frankfurt a. M.-Höchst, im März 1954.

Werner Matz.

Inhaltsverzeichnis.

Bezeichnungen.

A	$^1/_{427}$ = Wärmeäquivalentzahl.
$A\mathfrak{R}$	1,99 kcal/grad k mol.
a	Beschleunigung in [m/s²].
b	Anzahl der Mole des Gases B.
$b_1\, b_2\, b_3$	Bestimmungsgrößen allgemein.
C	Integrationskonstanten.
c	Anzahl der Mole des Gases C.
c	Exponenten der Maßstabsverhältnisse.
c	Konzentration eines Gemisches in [kg/m³].
c	spez. Wärme in kcal/kg °C.
d	Breite des Blattrührers in [m].
d^2s/dt^2	Beschleunigung in [m/s²].
E	Elastizitätsmodul in kg/cm².
F	Querschnitt in [cm²].
Fr	FROUDEsche Kenngröße der Schwerkraft.
f	Anzahl der frei zu wählenden Maßstabsverhältnisse (Freiheiten).
f	Maßstab der abgeleiteten Größen.
f	frei zu wählende thermodynamische Größen.
$G = J - TS$	freie Enthalpie in kcal.
G	Gewicht in kg.
G_z	Zusatzkraft bei Träger und Wellenrechnungen in kg.
g	Erdbeschleunigung in [m/s²].
H	Gefäßhöhe in [m].
h	Höhe des Blattrührers in [m].
h	Kühlfläche für 1 m · Länge in [m²/m].
J	äquatoriales Trägheitsmoment in cm⁴.
J	Enthalpie in kcal.
K	Kenngrößen allgemein.
K_p	Gleichgewichtskonstante.
k	Wärmedurchgangszahl in kcal/m² h °C.
$l_1\, l_2\, l_3$	Leitgrößen allgemein.
$M = 716\,\frac{N}{n}$	Drehmoment in [cm kg] bei Transmissionsaufgaben
m	Anzahl der zu erfüllenden Ähnlichkeitsgesetze.
m	Anzahl der Mole des Gases M.
m	Anzahl der Phasen.
m	Poissonsche Zahl bei Festigkeitsrechnungen.
N	Leistungsbedarf des Rührers in [PS].
N_1	Anzahl Mole an Leichtsiedendem in der Flüssigkeit.
N_2	Anzahl Mole an Schwersiedendem in der Flüssigkeit.
Ne	NEWTONsche Kenngröße der Trägheitskraft.
$Nu = \alpha\,\delta/\lambda$	NUSSELTsche Kenngröße.
n	Anzahl der Gemischkomponenten.
n	Anzahl der Maßstabsverhältnisse.
n	Anzahl der Mole des Gases N.
n	Umlaufzahl des Blattrührers.
n	[Uml/min].
P	Druck in kg/m².
P	Kraft in kg.
P_1, P_2	Dampfdrücke des Leichtsiedenden und Schwersiedenden in kg/m².
p, p'	Drücke von Gasen in [kg/m²].

p_a	Außendruck in kg/cm².
p_i	Innendruck in kg/cm².
q	Flüssigkeitsmenge in m³/h.
R	allgemeine Gaskonstante.
Re	REYNOLDSsche Zahl wl/ν.
r	Halbmesser in [m].
S	Entropie kcal/°K.
s	Wegstrecke in [m].
s_0	Subtangente an Exponentialkurve.
T	absol. Temperatur in °K.
t	Maßgröße der Zeit.
t_a	Außentemperatur in °C.
t_i	Innentemperatur in °C.
t_1, t_2, t_3, t_4	Temperaturen in °C.
t_∞	Asymptoten-Temperatur bei Wärmeaustauscher in °C.
U	innere Energie in kcal.
V	Volumen in einem Gefäß in [m³].
W_p	Wärmetönung in in kcal/kmol.
w	Geschwindigkeit in [m/s].
$w = kh\,x/q\gamma c$	Wärmeaustauschgröße = Querstrom/Längsstrom.
x	Abstand des Querschnittes vom Auflager in cm.
x	Molenbruch des Leichtsiedenden in Flüssigkeit.
x	Rohrlänge in [m].
x, y, z	Maßstäbe der Grundgrößen.
y	Molenbruch des Leichtsiedenden im Dampf.
y	Unterschied zwischen dynamischer und statischer Durchbiegung in [cm].
z	Zeit in Stunden bei Störvorgängen.

Griechische Bezeichnungen.

α	Trennfaktor bei Destillationen.
α	Wärmeübergangszahl in kcal/m²h °C.
α	Wärmedehnzahl in grad^{-1} bei Festigkeitsrechnungen.
α, β, γ	Exponenten der Bestimmungsgrößen b.
β	Eigenschwingungszahl in sec^{-1}.
γ	spez. Gewicht in [kg/m³].
Δp	Druckabfall in [kg/m²].
δ	Wandstärke in cm bei Gefäßberechnungen.
δ	Längenabmessung in [m].
$\delta = \varrho_1 : \varrho_2$	Maßstabsverhältnis der Dichten.
ε	spezifische Dehnung $\Delta l/l$.
$\zeta = \varepsilon_1 : \varepsilon_2$	Verhältnis der Dehnungen.
η	Zähigkeitsmaß in [kg s/m²].
ϑ	Temperaturverhältnis.
$\varkappa$	Kraft-Vergrößerungs-Verhältnis $P_1 : P_2$.
λ	Wärmeleitzahl in kcal/mh °C.
λ	Längen-Vergrößerungs-Verhältnis $l_1 : l_2$.
$\mu = w_1/\vartheta_0$	Wärmeströmungszahl.
μ	dimensionslose Austauschgröße beim Wärmeaustauscher.
μ	die auf die Längeneinheit kommende Masse der Belastungen in kg s²/cm².
μ	Maßstabsverhältnis der abgeleiteten Größe.
ν	kinematische Zähigkeit in [m²/s].
ϱ	radiale Dehnung bei Gefäß-Festigkeitsberechnungen.
$\varrho = \gamma/g$	Dichte in [kgs²/m⁴].
σ	Spannung in [kg/cm²].
τ	Maßstabsverhältnis der Zeit.
$\varphi = d_i : d_a$	Verhältnis von Innen- zu Außendurchmesser.
$\varphi = q_1 \gamma_1 c_1 / q_2 \gamma_2 c_2$	Verhältnis der in beiden Phasen hindurchströmenden Wärmemengen [kcal/h °C].
ψ	Winkel bei Kugelmühle.
$\psi = E_1 : E_2$	Verhältnis der Elastizitätsmodule.
$\omega = \pi n/30$	Winkelgeschwindigkeit in [sec^{-1}].

Einleitung.

Neue Maschinen und Apparate werden sowohl in der allgemeinen Maschinentechnik als auch im besonderen Zweige der Verfahrenstechnik (Chemie-Ingenieurwesen) zunächst im Konstruktionsbüro entworfen und durchkonstruiert. Bei dieser Gestaltung der Formen werden die für den späteren Verwendungszweck erforderlichen Werkstoffeigenschaften der statischen und dynamischen Festigkeit und die dem besonderen Produkt anzupassenden Größen der Geschwindigkeit, des Strömungsquerschnittes und dgl. nach den Gesetzen der Mechanik und Festigkeitslehre zahlenmäßig berechnet. Die durch die Erfahrungen vieler Jahre bestätigten Gesetze unserer technischen Mechanik, Thermodynamik und Strömungslehre gestatten dem Konstrukteur, mit Hilfe von früher festgestellten Erfahrungsbeiwerten bei einem großen Teil seiner Berechnungen ohne neue Versuche auszukommen. Bei der Vielfältigkeit der veränderlichen Größen in der chemischen Apparatur aber führt die Vorausberechnung der Apparateabmessungen häufig auf Schwierigkeiten. Daher werden von dem Chemiker im kleinen Laboratoriumsmaßstab in einer Glasapparatur oder Technikumsapparatur Versuche durchgeführt. Aufgabe des Ingenieurs ist es dann, aus den Abmessungen dieser Modellanlage die Abmessungen der großen Betriebsausführung festzulegen. Als Wegweiser für die Übertragung vom Modellmaßstab in die Großausführung können hierbei die Gesetze der Ähnlichkeitsphysik dienen. Diese sind bereits mit großem Erfolg auf die Gebiete der Strömungslehre, des Wärmeüberganges und neuerdings auch auf das Gebiet der chemischen Umsetzungen angewendet worden. Es ist natürlich, daß die formalen Gesetze der Ähnlichkeitsphysik allein nicht die Übertragung vom Modell auf die Großausführung lösen können, sondern daß ergänzende Versuche erst die gegenseitigen Beziehungen zwischen den Ähnlichkeitskenngrößen klären müssen. Bis zu einem gewissen Grade können hierzu auch die Gesetze der theoretischen Statistik und die Meßergebnisse der praktischen Statistik Hilfsdienste leisten. Auf diese Weise gelangt man dann zu theoretisch und versuchsmäßig gut begründeten Gleichungen zwischen den Kenngrößen. Zuweilen gelingt es auch, auf rein theoretischer Grundlage der klassischen Mechanik oder Thermodynamik mit Hilfe von Differentialgleichungen zu einer allgemeinen Gleichung zu gelangen.

Diese muß dann nur nachträglich durch Kontrollversuche bestätigt werden, damit das Ergebnis allgemeine Gültigkeit erlangt. Nach vorangegangenem glänzenden Aufstieg der Ähnlichkeitsphysik trat diese Theorie in den Jahren 1928—1930 zunächst wieder etwas in den Hintergrund, weil bis dahin noch nicht das Hauptziel einer allgemeingültigen Formel für die Wärmeübergangszahl erreicht worden war. Heute aber dürfte wohl der Grundsatz der allgemeinen Ähnlichkeitstheorie, geschickt angewendet, nicht allein für den Forscher, sondern auch für den praktischen Betriebsingenieur als recht nützlich anerkannt sein. Es ist deshalb für den heutigen Verfahrensingenieur unerläßlich, sich zunächst mit dem Aufbau des Gebäudes der Ähnlichkeitsphysik oder der Modellähnlichkeit zu beschäftigen und dann eingehend die Anwendungen dieser Gesetze auf sein Sondergebiet zu studieren.

In diesem Einzelband sollen nun zunächst die Grundlagen der Ähnlichkeitsphysik und dann die Anwendungen dieses Grundsatzes auf alle Gebiete der Verfahrenstechnik behandelt werden. Das erste Kapitel soll allgemeinen Betrachtungen zur Einführung in das Prinzip gewidmet sein.

I. Allgemeine Betrachtungen.

Mit dem Worte Ähnlichkeit wird ganz allgemein in der Umgangssprache des täglichen Lebens, oft unbewußt, ein auf geometrischen Anschauungen fußender Begriff verbunden. Zwei Schränke z. B. werden als ähnlich bezeichnet, wenn die Längenmaße entsprechender Kanten alle in demselben gleichen Verhältnis stehen. Zwei einander ähnliche ebene Figuren können derart in zwei zu einander parallele Ebenen gebracht werden, daß die Verbindungsgeraden entsprechender Punkte durch ein gemeinsames Zentrum, das Zentrum der Zentralperspektive oder hier im besonderen das Ähnlichkeitszentrum, laufen. Zwei Kegelschnitte, die sich aus einem Punkte aufeinander projizieren lassen und in parallelen Ebenen liegen, sind ebenfalls ähnlich. Alle Kreise von beliebigem Durchmesser sind immer ähnlich und besitzen als Ähnlichkeitspole die Schnittpunkte gemeinsamer Tangenten. Ferner sind alle Parabeln untereinander ähnlich. Bei den räumlichen Gebilden wie bei dem oben erwähnten Schrank sind so viele Pole vorhanden wie ebene Flächen die Raumfigur begrenzen. An zwei Kugeln beliebigen Durchmessers kann man stets drei äußere und drei innere gemeinsame Tangentialebenen legen. Je drei dieser bestimmen einen Ähnlichkeitspol, so daß zwei Kugeln beliebigen Durchmessers genau wie zwei Kreise beliebigen Durchmessers stets ähnlich sind.

Da die Eigenschaft der geometrischen Ähnlichkeit zahlenmäßig durch das Verhältnis zweier Längen ausgedrückt wird, so ist dieses

Verhältnis dimensionslos und von der Art des benutzten Maßsystems unabhängig. Verhalten sich beispielsweise die Maße entsprechender Längen des oben erwähnten Schrankes wie 2:1, so ist es gleichgültig, ob die Längen in Millimetern oder in Zoll gemessen werden. Es möge z. B. die Kante des Modells eine Länge von 254 mm = 10″ und die der Hauptausführung eine Länge von 508 mm = 20″ betragen. Dann ist im Millimetermaßstab das Vergrößerungsverhältnis

$$\lambda = \frac{508}{254} = \frac{2}{1} = 2,$$

und im Zollmaßstab:

$$\lambda = \frac{20''}{10''} = \frac{2}{1} = 2.$$

Sollen nun Modell- und Hauptausführung für eine Apparatur in ihrer Gesamt-Wirkungsweise ähnlich sein, so genügt eine geometrische Ähnlichkeit allein nicht. Auch physikalische und chemische Ähnlichkeiten müssen vorhanden sein. Das heißt: Auch die Zeiten, Wege, Geschwindigkeiten, Beschleunigungen, Kräfte, Spannungen, Arbeiten, Leistungen, Reaktionen, Temperaturen usf. müssen für Modell und Hauptausführung in einem bestimmten Verhältnis zueinander stehen. Als Folge dieses Gedankenganges ergeben sich außer dem soeben besprochenen geometrischen Vergrößerungsverhältnis λ noch ein Vergrößerungsverhältnis der Zeiten τ, der Kräfte $\varkappa$, der Temperaturen ϑ und der Elektrizitätsmengen φ. Man kann demnach mit diesen 5 Vergrößerungsverhältnissen λ, τ, $\varkappa$, ϑ und φ die gesamten Gebiete der Mechanik, Thermodynamik und Elektrizitätslehre behandeln. Da bei den Aufgaben der reinen Statik nur Kräfte, Längen und Querschnitte in den Gebrauchsformeln auftreten und keine Zeiten, Temperaturen und Elektrizitätsmengen, so benötigt man für rein statische Ähnlichkeitsbetrachtungen nur die Verhältnisse λ und $\varkappa$. Bei den Aufgaben der Dynamik sind die 3 Verhältnisse λ, τ und $\varkappa$, bei thermodynamischen Problemen die 4 Verhältnisse λ, τ, $\varkappa$, ϑ und bei Aufgaben mit thermodynamischen und elektrischen Größen die 5 Verhältnisse λ, τ, $\varkappa$, ϑ und φ erforderlich. Bei den bis jetzt betrachteten Vergrößerungsverhältnissen handelt es sich um das Verhältnis der Grundgrößen Länge (λ), Zeit (τ), Kraft ($\varkappa$), Temperatur (ϑ) und Elektrizitätsmenge (φ). Außer diesen gibt es auch noch Verhältnisse von abgeleiteten Größen, die aus den Grundgrößen gebildet werden, wie die Verhältnisse von Geschwindigkeiten, Spannungen, Wärmeübergangszahlen und dgl. Es ist wohl auf Grund einiger einfacher Überlegungen leicht einzusehen, daß die Vergrößerungsverhältnisse dieser abgeleiteten Größen sich aus denen der Grundgrößen zusammensetzen. Für die Geschwindigkeit (m/s), für den in der Zeiteinheit (s) zurückgelegten Weg (m), ergibt sich das Verhältnis $\lambda : \tau$, für die Spannung (kg/cm^2), für die auf den Querschnitt (cm²) bezogene Kraft (kg), folgt $\varkappa:\lambda^2$. Außer diesen Vergrößerungsverhältnissen benutzt die Ähnlichkeitsphysik auch noch dimensionslose Kenngrößen, in denen die Kräfte, Wege, Zeiten usw. selbst enthalten sind. Diese Größen setzen sich also aus einer Gruppe zusammengehöriger Maßgrößen zusammen, so daß sie im angelsächsichen Schrifttum die Bezeichnung „dimensionless groups" erhalten haben. Man kann diese sehr schnell aus den Vergrößerungsverhältnissen ableiten. Ist beispielsweise das Vergrößerungsverhältnis zwischen den Kräften P_1 der Hauptausführung und P_2 der Modellausführung $\varkappa$ und das zwischen den Längen l_1 und l_2 gleich λ, so ist:

$$\varkappa = \frac{P_1}{P_2}; \qquad \lambda = \frac{l_1}{l_2}.$$

Setzt man diese Werte in das Spannungsverhältnis $\varkappa:\lambda^2$ ein, so wird:

$$\frac{\varkappa}{\lambda^2} = \frac{\frac{P_1}{P_2}}{\left(\frac{l_1}{l_2}\right)^2} = \frac{P_1\, l_2^2}{P_2\, l_1^2}.$$

$\varkappa:\lambda^2$ ist aber gleichbedeutend mit dem Verhältnis der Spannungen $\sigma_1:\sigma_2$. Es ist demnach auch:

$$\frac{\sigma_1}{\sigma_2} = \frac{P_1\, l_2^2}{P_2\, l_1^2},$$

oder

$$\frac{P_1}{\sigma_1\, l_1^2} = \frac{P_2}{\sigma_2\, l_2^2}.$$

Da nun nach dem HOOKEschen Gesetz $\sigma = \varepsilon \cdot E$ mit $\varepsilon = \Delta l/l_0$ = spezifischer Dehnung und mit E = Elastizitätsmodul ist, so wird:

$$\frac{P_1}{\varepsilon_1\, E_1\, l_1^2} = \frac{P_2}{\varepsilon_2\, E_2\, l_2^2}.$$

Für die beiden modellähnlichen Vorgänge mit den Kräften P_1 und P_2 muß natürlich auch die dimensionslose Größe ε der Dehnung gleich sein. Daher muß $\varepsilon_1 = \varepsilon_2$ sein. Hiermit erhält man aber aus der letzten Gleichung:

$$\frac{P_1}{E_1\, l_1^2} = \frac{P_2}{E_2\, l_2^2} = \frac{P}{E\, l^2} = P \cdot E^{-1} \cdot l^{-2}. \tag{1}$$

Die dimensionslose Ähnlichkeitskenngröße $P/E\, l^2$ hat also sowohl für die Hauptausführung (1.) als auch für die Modellausführung (2.) den gleichen Wert. Sie wird als HOOKEsche Größe bezeichnet. Man erkennt auch schon aus Gl. (1), daß sich die Kenngrößen der Modellähnlichkeit sowie die Vergrößerungsverhältnisse für die abgeleiteten Größen als Potenzprodukte der Maßstäbe der Grundgrößen darstellen lassen. Dieses Auftreten der Potenzprodukte ist ganz allgemein und kann leicht auf folgende Weise erklärt werden: Die Maßstabverhältnisse der

Grundgrößen $x, y, z \ldots$ werden durch die Formeln dargestellt:

$$\left.\begin{aligned} \frac{x}{x_1} &= \lambda_x \quad \text{mit} \quad x > x_1 \\ \frac{y}{y_1} &= \lambda_y \quad \text{mit} \quad y > y_1 \\ \frac{z}{z_1} &= \lambda_z \quad \text{mit} \quad z > z_1. \end{aligned}\right\} \qquad (2)$$

Eine partielle Zunahme der Grundgröße x bei Konstanthaltung der übrigen Größen $y, z \ldots$ errechnet sich zu:

$$\partial x = x_1 \, \partial\lambda_x = x \cdot \frac{\partial\lambda_x}{\lambda_x},$$

oder

$$\frac{\partial x}{x} = \frac{\partial\lambda_x}{\lambda_x}.$$

Das gleiche gilt für die übrigen Grundgrößen $y, z \ldots$:

$$\frac{\partial y}{y} = \frac{\partial\lambda_y}{\lambda_y};$$

$$\frac{\partial z}{z} = \frac{\partial\lambda_z}{\lambda_z}. \qquad (3)$$

Bezeichnet man im Gegensatz zu den Grundgrößen $x, y, z \ldots$ die abgeleitete Größe mit f und das zugehörige Maßstabverhältnis mit μ, so gilt ganz ähnlich wie oben:

$$\frac{\partial f}{f} = \frac{\partial\mu}{\mu}. \qquad (4)$$

Nun steht $\partial\mu/\mu$ für das abgeleitete Maßstabverhältnis zu $\partial\lambda/\lambda$ für das Grund-Maßstabverhältnis in einer ganz bestimmten festen Beziehung:

$$\left.\begin{aligned} \frac{\frac{\partial\mu}{\mu}}{\frac{\partial\lambda_x}{\lambda_x}} &= c_1 = \text{konstant}; \\ \frac{\frac{\partial\mu}{\mu}}{\frac{\partial\lambda_y}{\lambda_y}} &= c_2 = \text{konstant}. \end{aligned}\right\} \qquad (5)$$

Aus diesen Formeln ergibt sich dann ganz allgemein die zugehörige abgeleitete Maßstabgröße μ zu:

$$\mu = C \cdot \lambda_x^{c_1} \cdot \lambda_y^{c_2}. \qquad (6)$$

In dieser Gleichung sind dann c_1, c_2 und C Konstante. Dieser Zusammenhang soll an dem Beispiel der kinematischen Zähigkeit ν mit der Dimension (m^2/sec) näher erörtert werden. Es mögen zwei Vorgänge mit den

Werten ν_1 und ν_2 verglichen werden, es möge sein:

$$\frac{\nu_1}{\nu_2} = \mu = \frac{\lambda^2}{\tau}. \tag{7}$$

Hier kommen die beiden veränderlichen Grundmaßstabgrößen λ und τ in Frage. Man kann also das vollständige Differential $d\mu$ in der Form anschreiben:

$$d\mu = \left(\frac{\partial\mu}{\partial\lambda}\right)_\tau \cdot d\lambda + \left(\frac{\partial\mu}{\partial\tau}\right)_\lambda \cdot d\tau.$$

Dividiert man noch die ganze Gleichung durch $\mu = \lambda^2/\tau$, so erhält man:

$$\frac{d\mu}{\mu} = \left(\frac{\partial\mu}{\partial\lambda}\right)_\tau \cdot \frac{d\lambda}{\frac{\lambda^2}{\tau}} + \left(\frac{\partial\mu}{\partial\tau}\right)_\lambda \cdot \frac{d\tau}{\frac{\lambda^2}{\tau}}. \tag{8}$$

Aus Gl. (7) folgt:

$$\left(\frac{\partial\mu}{\partial\lambda}\right)_\tau = \frac{1}{\tau} \cdot 2\,\lambda \text{ und } \left(\frac{\partial\mu}{\partial\tau}\right)_\lambda = -\frac{\lambda^2}{\tau^2}.$$

Setzt man diese Werte in Gl. (8) ein, so findet man:

$$\frac{d\mu}{\mu} = \frac{2\,\lambda}{\tau} \cdot \frac{d\lambda}{\frac{\lambda^2}{\tau}} - \frac{\lambda^2}{\tau^2} \cdot \frac{d\tau}{\frac{\lambda^2}{\tau}}$$

oder

$$\frac{d\mu}{\mu} = \frac{2\,d\lambda}{\lambda} - \frac{d\tau}{\tau}. \tag{9}$$

Hieraus geht hervor:

$$\left.\begin{aligned} \left(\frac{\frac{\partial\mu}{\mu}}{\frac{d\lambda}{\lambda}}\right)_\tau &= 2 = c_1, \\ \left(\frac{\frac{\partial\mu}{\mu}}{\frac{d\tau}{\tau}}\right)_\lambda &= -1 = c_2. \end{aligned}\right\} \tag{10}$$

Mit den allgemeinen Werten c_1, c_2 von Gl. (10) kann man Gl. (9) auch schreiben:

$$\frac{\partial\mu}{\mu} = c_1 \cdot \frac{d\lambda}{\lambda} + c_2 \cdot \frac{\partial\tau}{\tau}; \tag{9a}$$

oder $$d\,(\ln\mu) = c_1\,d\,(\ln\lambda) + c_2\,d\,(\ln\tau);$$

und $$\ln\mu = c_1 \ln\lambda + c_2 \ln\,\tau + \ln C.$$

Hieraus ergibt sich:

$$\ln\mu = \ln\lambda^{C_1} + \ln\tau^{C_2} + \ln C,$$

$$\ln\mu = \ln\,(\lambda^{c_1} \cdot \tau^{c_2} \cdot C),$$

$$\mu = C\,\lambda^{c_1} \cdot \tau^{c_2}. \tag{11}$$

Für die kinematische Zähigkeit wird:

$$\mu = 1 \cdot \lambda^2 \cdot \tau^{-1}.$$

Nach Gl. (4) ist nun:

$$\frac{\partial f}{f} = \frac{\partial \mu}{\mu}.$$

Somit folgt für das Beispiel der kinematischen Zähigkeit aus Gl. (9a):

$$\frac{df}{f} = c_1 \cdot \frac{d\lambda}{\lambda} + c_2 \cdot \frac{d\tau}{\tau}.$$

Setzt man in diese Gleichung aus Gl. (3):

$$\frac{\lambda d}{\lambda} = \frac{dx}{x}, \text{ wobei } x \text{ die Länge bedeutet,}$$

$$\frac{d\tau}{\tau} = \frac{dy}{y}, \text{ wobei } y \text{ die Zeit bedeutet,}$$

ein, so wird:

$$\frac{df}{f} = c_1 \cdot \frac{dx}{x} + c_2 \cdot \frac{dy}{y}. \tag{12}$$

Vergleicht man Gl. (12) mit Gl. (9a), so erkennt man, daß in Gl. (12) statt μ die Größe f, statt λ die Größe x und statt τ die Größe y gesetzt ist. Als integrierte Gleichung erhält man demnach eine der Gl. (11) ähnliche Gleichung:

$$f = C_1 \cdot x^{c_1} \cdot y^{c_2}. \tag{13}$$

Hierin sind die Exponenten c_1, c_2 von Gl. (13) die gleichen wie die von Gl. (11), während die Integrationskonstante C_1 von Gl. (13) naturgemäß eine andere als C in Gl. (11) sein wird. Setzt man nun in Gl. (13) für den Fall der kinematischen Zähigkeit $f = \nu$, $x = l$, $y = t$, $c_1 = 2$ und $c_2 = -1$ ein, so erhält man:

$$\nu = C_1 \cdot l^2 \cdot t^{-1} = C_1 \cdot \frac{l}{t} \cdot l.$$

Für l/t kann man die Geschwindigkeit w einsetzen und findet:

$$\mathrm{Re} = \frac{1}{C_1} = \frac{w \cdot l}{\nu}. \tag{14}$$

Die Konstante C_1 stellt also in diesem Fall den reziproken Wert der REYNOLDSschen Zahl Re dar. Aus diesen Ableitungen geht hervor, daß ganz allgemein sowohl die abgeleiteten Größen als Potenzprodukte ihrer Grundgrößen als auch die Maßstäbe der abgeleiteten Größen als Potenzprodukte der Maßstäbe ihrer Grundgrößen mit gleichen Exponenten dargestellt werden können. Die sich auf diese Weise für die abgeleitete Größen ergebenden Potenzproduktformeln nach Gl. (13) werden als „Dimensionsformeln", die nach Gl. (11) aufgestellten Formeln als „Maßstabsformeln" bezeichnet. Die Integrationskonstanten C_1 der

Dimensionsformeln sind hierbei die dimensionslosen, den besonderen Vorgang kennzeichnenden Ähnlichkeitszahlen oder ihre reziproken Werte. Bei den bisherigen Betrachtungen blieb es noch offen, ob die verschiedenen Maßstäbe λ, τ, $\varkappa$, ϑ und φ ganz unabhängig voneinander gewählt werden dürfen oder ob zwischen ihnen ein funktioneller Zusammenhang besteht. Diese Frage soll im folgenden beantwortet werden: Die Maßstäbe der Vergrößerungsverhältnisse sind durch Stoffwertverhältnisse von Dehnungen, Elastizitätsmoduln, kinematischen Zähigkeiten, Erdbeschleunigung usw. miteinader verbunden. Bei den dynamischen Problemen stellt die dynamische Grundgleichung oder das NEWTONsche Bewegungsgesetz eine Beziehung zwischen den Maßstäben der Masse, Kraft, Länge und Zeit her. Man kann somit nur eine begrenzte Anzahl von Vergrößerungsverhältnissen frei wählen. Der Sinn dieser Zusammenhänge soll an einem Beispiel der statischen Ähnlichkeit kurz erläutert werden. Eine Kraft P (kg), die an einem Stab mit dem Querschnitt F (cm^2) angebracht sein möge, beanspruche den Stab auf Zug und rufe die Zugspannung

$$\sigma = \frac{P}{F} \tag{15}$$

hervor. Nach dem HOOKEschen Gesetz ist die Spannung σ der Dehnung ε proportional. Es ist:

$$\sigma = \varepsilon \cdot E = \frac{P}{F}.$$

Für die Hauptausführung (I) und die Modellausführung (II) gilt:

$$\frac{P_1}{F_1} = \varepsilon_1 \cdot E_1,$$

$$\frac{P_2}{F_2} = \varepsilon_2 \cdot E_2$$

oder auch:

$$\frac{P_1}{P_2} \cdot \frac{F_2}{F_1} = \frac{\varepsilon_1}{\varepsilon_2} \cdot \frac{E_1}{E_2}. \tag{16}$$

Führt man noch in Gl. (16) folgende Bezeichnungen ein:

$$\frac{P_1}{P_2} = \varkappa \text{ (Verhältnis der Kräfte)},$$

$$\frac{F_1}{F_2} = \lambda^2 \text{ (Verhältnis der Flächen)},$$

$$\frac{\varepsilon_1}{\varepsilon_2} = \zeta \text{ (Verhältnis der Dehnungen)},$$

$$\frac{E_1}{E_2} = \psi \text{ (Verhältnis der Elastizitätsmodule)},$$

so erhält man:

$$\frac{\varkappa}{\lambda^2} = \zeta \cdot \psi. \tag{17}$$

Von diesen 4 Maßstäben sind die der Stoffwerte ζ und ψ gegeben. Wählt man den Vergrößerungsmaßstab λ, so ist damit aus der Gl. (17) der Kräftemaßstab $\varkappa$ bestimmt. Für gleiche Werkstoffe in (I) und (II) wird $\zeta = 1$ und $\psi = 1$, so daß

$$\varkappa = \lambda^2$$

wird. Wie aus den obigen Ausführungen hervorgeht, kennt man neben der statischen noch die dynamische, thermische, thermodynamische, elektrische und magnetische Ähnlichkeit. Am Beispiel der kinematischen Zähigkeit wurde gezeigt, daß der mit Zähigkeit behaftete mechanische Vorgang durch das dimensionslose Potenzprodukt der REYNOLDSschen Zahl *Re* gekennzeichnet wird. Die Trägheitskraft läßt sich durch die sogenannte NEWTONsche, die Schwerkraft durch die FROUDEsche Kenngröße darstellen. Es ist allgemein möglich, alle besonderen Eigenschaften durch eine solche dimensionslose Kenngröße zu charakterisieren. Wenn z. B. bei einem dynamischen Problem für Haupt- und Modellausführung die drei die Trägheitskraft (*Ne*), Schwerkraft (*Fr*) und Zähigkeitskraft (*Re*) kennzeichnenden Potenzprodukte gleich sind, sind natürlich Haupt- und Modellausführung ähnlich. Dieselben drei Zahlen *Ne*, *Fr* und *Re* kennzeichnen aber nicht nur das Problem der gerade vorliegenden Art, sondern auch andersgeartete Probleme mit den gleichen Kenngrößen. Man kann beispielsweise für dieselben Zahlen *Ne*, *Fr*, *Re* Haupt- und Modellausführungen ausfindig machen für Ventilatoren, Rührwerke, Schiffe, Pumpen und dergleichen. Diese Tatsache darf nicht befremden, denn wir kennen bereits dieselben Erscheinungen in unserem Musikleben, bei den Tonarten in der Harmonielehre. Hier kommt es uns nur nicht zum Bewußtsein, daß wir es ebenfalls mit Ähnlichkeitskenngrößen zu tun haben. Eine Tonart ist durch drei Akkorde, Tonica, Subdominante und Dominante, gekennzeichnet. Sie stellen das Verhältnis von Tönen zueinander dar und sind ebenfalls dimensionslose Kenngrößen. In einer bestimmten Tonart, z. B. C-Dur können aber verschiedene Lieder komponiert werden, nicht nur eines.

II. Theorie der Ähnlichkeit.

1. Einführende Bemerkungen.

Die Anfänge der Ähnlichkeitstheorie gehen schon auf NEWTON zurück, der im Jahre 1687 in seinen „philosophiae naturalis principia mathematica" die Grundlagen hierzu schuf. Aufnahme in die Technik fand das Prinzip aber erst 1869 durch W. FROUDE und 1883 durch O. REYNOLDS für schiffbauliche Zwecke und Strömungsprobleme. In neuerer Zeit wurde die Entwicklung der Ähnlichkeitsideen stark durch die aerodynamischen Modellversuche von G. EIFFEL, L. PRANDTL[1] und seinen Schülern gefördert. W. NUSSELT, H. GRÖBER[2] und H. REIHER dehnten die Methoden auf das Gebiet des Wärmeüberganges aus. Von 1914 an wurden durch die Forscher R. C. TOLMAN, E. BUCKINGHAM[3], A. H. GIBSON, J. WALLOT und M. WEBER[4] die Ähnlichkeitsuntersuchungen in der Physik und Technik meisterhaft und geistvoll bis zu dem „Allgemeinen Ähnlichkeitsprinzip" herausgearbeitet. Da die Theorie der Ähnlichkeit aber auch heute noch nicht Allgemeingut aller Verfahrensingenieure geworden ist, fallen häufig noch die Versuche im Laboratorium zwar zufriedenstellend aus, jedoch laufen die Prozesse in der nach dem Laboratoriumsmodell angelegten Großapparatur entgegen den Erwartungen ab. Diese Enttäuschungen finden wohl meist ihre Begründung darin, daß im Gegensatz zu den anderen Zweigen der Technik in der Verfahrenstechnik alle möglichen Ähnlichkeitsspielarten wie die statische, dynamische und thermodynamische zu gleicher Zeit in einer Anlage zu beachten sind. Wenn auch aus diesem Grunde zuweilen keine vollständige Ähnlichkeit erwartet werden kann, so ist es trotzdem sehr wohl möglich, die besonders wichtigen Eigenschaften der Anlage durch kennzeichnende Ähnlichkeitskenngrößen hervorzuheben und weniger wichtige Merkmale, deren Berücksichtigung die Gesamtbetrachtung erschweren würde, ganz zu vernachlässigen. In diesem Abschnitt soll nun auf die besonderen Schwierigkeiten hingewiesen und ein für die Verfahrenstechnik gangbarer wissenschaftlicher Weg gezeigt werden, auf dem es möglich ist, die im Kleinversuch gewonnenen Erkenntnisse einfach und schnell nach den Modellgesetzen für die Ausführung der Großanlage nutzbringend zu verwenden. Die allgemeine Theorie der Ähnlichkeit kann auf Stoffwerten, Differentialgleichungen und auf der Dimensionslehre aufgebaut werden. Hier sollen kurz alle drei Möglichkeiten aufgezeigt werden.

2. Aufbau auf Stoffwerten.

Stoffwerte sind solche dimensionsbehafteten Maßgrößen, die irgendeine besonders hervortretende physikalische Eigenschaft eines Stoffes kennzeichnen. Ein Stoffwert der Statik ist z. B. der Elastizitätsmodul E, Stoffwerte der Dynamik sind die Erdbeschleunigung g und die kinema-

[1] PRANDTL, L., und TIETJENS: Hydro- und Aeromechanik, Bd. II, S. 124, Berlin: Springer 1931.

[2] GROEBER-ERK: Die Grundgesetze der Wärmeübertragung, Berlin: Springer 1933.

[3] BUCKINGHAM, E.: Phys. Rev., Bd. 4 (1914) S. 345.

[4] WEBER, M.: Das Allgemeine Ähnlichkeitsprinzip der Physik und sein Zusammenhang mit der Dimensionslehre und der Modellwissenschaft. Jahrb. der Schiffbautechn. Ges. 1930.

tische Zähigkeit ν, Stoffwerte der Thermodynamik sind die Wärmeleitzahlen λ und die Wärmeübergangszahlen α. Man findet auf diese Weise sehr leicht das Modellgesetz für die Zähigkeit:

Die kinematische Zähigkeit ν hat die Dimension (m^2/s). Hieraus folgt für zwei modellähnliche Vorgänge:

$$\frac{\nu_1}{\nu_2} = \frac{\lambda^2}{\tau} = \frac{\left(\frac{l_1}{l_2}\right)^2}{\frac{t_1}{t_2}} = \frac{l_1^2}{t_1} \cdot \frac{t_2}{l_2^2} = \frac{w_1 \cdot l_1}{w_2 \cdot l_2}.$$

Gruppiert man dies etwas um, so wird:

$$\frac{w_2 \cdot l_2}{\nu_2} = \frac{w_1 \cdot l_1}{\nu_1} = Re. \tag{18}$$

Diese dimensionslose Größe ist aber nichts anderes als die REYNOLDSsche Zahl.

Auch das Modellgesetz für die Schwerkraft ist auf diesem Wege schnell abzuleiten. Die Beschleunigungen von Hauptausführung (I) und Modellausführung (II) mögen sich verhalten wie $a_1 : a_2$. Da die Dimension der Beschleunigung (m/s^2) ist, so kann das Beschleunigungsverhältnis geschrieben werden:

$$\frac{a_1}{a_2} = \frac{\lambda}{\tau^2} = \frac{\frac{l_1}{l_2}}{\left(\frac{t_1}{t_2}\right)^2} = \frac{l_1}{t_1{}^2} \cdot \frac{t_2^2}{l_2}$$

oder:

$$\frac{l_1}{a_1 t_1^2} = \frac{l_2}{a_2 t_2^2}.$$

Für die Schwerebeschleunigung ist:

$$a_1 = a_2 = g.$$

Somit wird:

$$\frac{l_1}{g t_1^2} = \frac{l_2}{g t_2^2} = Fr. \tag{19}$$

Gl. (19) stellt das FROUDEsche Modellgesetz dar, das immer dann zu beachten ist, wenn die Wirkungen der Erdbeschleunigung den Vorgang beeinflussen. Da $l_1 : t_1 = w_1$ eine Geschwindigkeit darstellt, kann die FROUDEsche Größe auch auf die Geschwindigkeit w bezogen werden. In diesem Fall wird aus Gl. (19):

$$Fr = \frac{w_1^2}{g l_1} = \frac{w_2^2}{g l_2}. \tag{20}$$

Als Maßstabsgesetz folgt das FROUDEsche Gesetz aus:

$$\frac{a_1}{a_2} = \frac{\lambda}{\tau^2}$$

mit $a_1 = a_2 = g$ zu:

$$\lambda = \tau^2. \tag{21}$$

NEWTONS allgemeines Ähnlichkeitsgesetz, das die Trägheitskräfte von Haupt- und Modellausführung vergleicht, kann ebenfalls über das Verhältnis von Stoffwerten entwickelt werden. Hierfür ist die spezifische Masse oder die Dichte $\varrho = \gamma/g$ der in Frage kommende Stoffwert. γ ist das spezifische Gewicht in kg/m³ und g die Erdbeschleunigung in m/s². Für zwei zu vergleichende Ausführungen ist, wenn man das Verhältnis der Dichten $\varrho_1 : \varrho_2$ mit δ bezeichnet:

$$\delta = \frac{\varrho_1}{\varrho_2} = \frac{\frac{\gamma_1}{g}}{\frac{\gamma_2}{g}} = \frac{\frac{\gamma_1}{\gamma_2}}{\frac{g}{g}}.$$

Hierin kann gesetzt werden:

$$\frac{\gamma_1}{\gamma_2} = \frac{\varkappa}{\lambda^3},$$

$$\frac{g}{g} = \frac{\lambda}{\tau^2}.$$

Aus obiger Gleichung für δ folgt dann:

$$\delta = \frac{\frac{\varkappa}{\lambda^3}}{\frac{\lambda}{\tau^2}} = \frac{\varkappa \cdot \tau^2}{\lambda^4}. \tag{22}$$

In NEWTONS Ähnlichkeitsgesetz sind die drei Grundmaßstäbe der dynamischen Ähnlichkeit λ, τ ,$\varkappa$ miteinander verbunden. Es können also nicht alle drei Maßstäbe unabhängig voneinander gewählt werden. Führt man in Gl. (22) für $\varkappa = P_1 : P_2$; $\lambda = l_1 : l_2$; $\tau = t_1 : t_2$ und $\delta = \varrho_1 : \varrho_2$ ein und ordnet, so erhält man:

$$\frac{P_1\, t_1^2}{l_1^4\, \varrho_1} = \frac{P_2\, t_2^2}{l_2^4\, \varrho_2} = Ne. \tag{23}$$

Ne ist die NEWTONsche Ähnlichkeitskenngröße, die dimensionslos ist und bei zwei bezüglich der Trägheitskraft ähnlichen Vorgängen gleich ist. Treten bei dynamischen Problemen, wie es im allgemeinen der Fall ist, noch andere Kräfte auf, so tritt zu der NEWTONschen Kenngröße für jede neue Kraftart eine neue Ähnlichkeits-Kenngröße hinzu. Es ist nun sehr wichtig, sich über die physikalische Bedeutung der dimensionslosen NEWTONschen Ähnlichkeitskenngröße klar zu werden. Die Größe Ne kann Werte annehmen, die kleiner oder größer als die Einheit sind. Ein ausgezeichneter Wert ist natürlich $Ne = 1$. Um die Bedeutung dieses Wertes besser erkennen zu können, soll in Gl. (23) für $l/t = w$ (Geschwindigkeit) eingesetzt werden. Hiermit wird dann allgemein:

$$Ne = \frac{P}{w^2\, l^2\, \varrho}. \tag{23a}$$

Wenn nun $Ne = 1$ wird, dann ist:

$$P = w^2 \, l^2 \, \varrho .$$

Zum Zweck der Veranschaulichung führt man in diese Gleichung ein:

$$l^2 = \frac{a^3}{r},$$

$$P = \varrho \, a^3 \cdot \frac{w^2}{r} . \tag{24}$$

In Gl. (24) ist nun $\varrho \, a^3 = M$ der mathematische Ausdruck für eine Masse und $w^2/r = b$ der Ausdruck für eine Beschleunigung. An einem Zahlenbeispiel soll dies erläutert werden: Ein kleiner Stahlwürfel mit der Kantenlänge $a = 0{,}02$ m werde an einem Faden mit der Länge $r = 0{,}5$ m im Kreise mit einer Drehzahl von $n = 90$ Uml/min gedreht. Die bei der gleichförmigen Rotationsbewegung auftretende Zentrifugalkraft ist die Trägheitskraft des mechanischen Vorganges. Sie wird also durch die Kraft P in Gl. (24) dargestellt. Für das Beispiel gelten folgende Zahlenwerte:

$$a = 0{,}02 \text{ m}$$

$$r = 0{,}5 \text{ m}$$

$$\varrho = \frac{\gamma}{g} = \frac{7850}{9{,}81} = 800 \text{ kg s}^2/\text{m}^4$$

$$G = 0{,}0628 \text{ kg (Würfelgewicht)}$$

$$\omega = \frac{\pi \, n}{30} = \frac{\pi \cdot 90}{30} = 3\pi = 9{,}43 \text{ s}^{-1}$$

$$w = r \cdot \omega = 0{,}5 \cdot 9{,}43 = 4{,}7 \text{ m/s}$$

$$w^2 = 22{,}2 \text{ m}^2/\text{s}^2$$

$$P = 800 \cdot 0{,}000008 \cdot \frac{22{,}2}{0{,}5} = 0{,}284 \text{ kg}.$$

Bei $Ne = 1$ ist demnach die in dem Faden auftretende Kraft P gerade gleich der Trägheitskraft der Drehbewegung. Mit dieser Erkenntnis kann man nun auch die Reynoldssche Zahl des Zähigkeitsgesetzes und die Froudesche Zahl des Schwerkraftgesetzes leicht physikalisch deuten. Betrachtet man zunächst die Reynoldssche Zahl: Die Zähigkeitskraft P_z zur Verschiebung zweier paralleler Flächen von der Größe F mit der Geschwindigkeit w im Abstande l voneinander mit der Zähigkeit η (kg s/m²) ist gegeben durch:

$$P_z = \eta \cdot F \cdot \frac{w}{l} .$$

Führt man in diese Formel statt F die Größe l^2 und statt η die kinematische Zähigkeit $\eta = \varrho \cdot \nu$ ein, so wird:

$$P_z = \varrho \, \nu \cdot l \cdot w. \tag{25}$$

Die Trägheitskraft geht aus Gl. (23a) für $Ne = l$ hervor mit:

$$P_1 = w^2\, l^2\, \varrho. \tag{26}$$

Bildet man nun das Verhältnis von Trägheitskraft P_t zu Zähigkeitskraft P_z, so erhält man:

$$\frac{P_t}{P_z} = \frac{w^2\, l^2\, \varrho}{w\, l\, \varrho\, \nu} = \frac{w\, l}{\nu} = Re. \tag{27}$$

Gl. (27) läßt erkennen, daß die REYNOLDSsche Zahl Re nichts anderes darstellt als das Verhältnis der Trägheitskraft P_t zur Zähigkeitskraft P_z. Sind die REYNOLDSschen Zahlen sehr groß, so überwiegen die Trägheitskräfte, sind sie sehr klein, so überwiegen die Zähigkeitskräfte. Für REYNOLDSsche Zahlen $Re = 1$ sind Trägheits- und Zähigkeitskräfte von gleicher Größenordnung.

Ganz ähnliche Überlegungen kann man beim Vergleich von Trägheits- und Schwerkräften anstellen. Hier gelten folgende Beziehungen:

für die Schwerkraft: $P_g = \varrho\, l^3\, g$
für die Trägheitskraft: $P_t = w^2\, l^2\, \varrho$

und das Verhältnis:

$$\frac{P_t}{P_g} = \frac{w^2\, l^2\, \varrho}{g\, l^3\, \varrho} = \frac{w^2}{l\, g} = Fr. \tag{28}$$

Die FROUDEsche Zahl Fr ist also das Verhältnis von Trägheitskraft P_t zur Schwerkraft P_g. Sind die FROUDEschen Zahlen sehr groß, so überwiegen die Trägheitskräfte, sind sie sehr klein, so überwiegen die Schwerkräfte. Diese qualitativen Erkenntnisse genügen oft, um eine Aufgabe aus der Praxis überschlägig beurteilen zu können und um dann den richtigen Weg der genauen Rechnung gehen zu können.

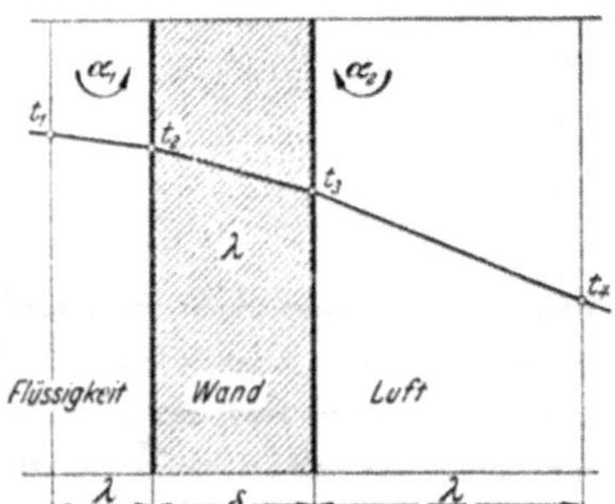

Abb. 1. Wärmedurchgang durch ebene Wand.

Die Ähnlichkeitskenngrößen brauchen nicht nur das Verhältnis von Kräften darzustellen, sondern können auch aus dem Verhältnis von Energien, von Widerstandsgrößen, von Temperaturdifferenzen usw. gebildet sein. Wie nun eine Kenngröße zugleich das Verhältnis von Temperaturdifferenzen oder von Widerständen oder von Längengrößen sein kann, zeigt die aus der Ähnlichkeitstheorie der Wärmeübertragung hervorgegangene NUSSELTsche Kenngröße $Nu = \alpha\, \delta/\lambda$. Zur Erklärung der Zusammenhänge sind in Abb. 1 für einen Wärmedurchgangsvorgang die mittlere Temperatur t_1 für die heißere Flüssigkeit in der Entfernung λ/α_1 und die mittlere Temperatur t_4

für die angrenzende umgebende Luft in der Entfernung λ/α_2 über dem Querschnitt der Wand aufgetragen. Da sich die Temperaturdifferenzen in den einzelnen Schichten zueinander wie die Wärmewiderstände verhalten, kann man folgende Gleichungen aufstellen:

$$\frac{t_2 - t_3}{t_3 - t_4} = \frac{\frac{\delta}{\lambda}}{\frac{1}{\alpha_2}} = \frac{\alpha_2\,\delta}{\lambda} = Nu_2, \tag{29}$$

$$\frac{t_2 - t_3}{t_1 - t_2} = \frac{\frac{\delta}{\lambda}}{\frac{1}{\alpha_1}} = \frac{\alpha_1\,\delta}{\lambda} = Nu_1. \tag{30}$$

In diesen Formeln ist δ/λ die Wärmewiderstandszahl der Wand. $1/\alpha_1$ und $1/\alpha_2$ sind die Wärmewiderstandszahlen für den inneren (α_1) und den äußeren (α_2) Wärmeübergang. Die beiden NUSSELTschen Kenngrößen Nu_1 und Nu_2 stellen also sowohl das Verhältnis von zwei Wärmewiderständen als auch von zwei Temperaturdifferenzen dar. Ferner können die beiden Kenngrößen auch noch geschrieben werden:

$$Nu_1 = \frac{\delta}{\frac{\lambda}{\alpha_1}} \text{ und } Nu_2 = \frac{\delta}{\frac{\lambda}{\alpha_2}}. \tag{31}$$

In diesem Fall stellt λ/α_1 die Filmdicke der an der inneren Oberfläche haftenden ruhenden Flüssigkeitsschicht und λ/α_2 die Filmdicke der an der äußeren Oberfläche haftenden ruhenden Luftschicht dar. Die dimensionslosen NUSSELTschen Kenngrößen sind also hier gleich dem Verhältnis von Wanddicke δ zu Filmdicke λ/α_1 (bzw. λ/α_2).

3. Aufbau auf Differentialgleichungen.

Die den Vorgang kennzeichnenden Potenzprodukte können auch unmittelbar aus den Differentialgleichungen gewonnen werden, ohne daß diese selbst integriert zu werden brauchen. Diese Methode soll an dem Beispiel der dynamischen Ähnlichkeit gezeigt werden. Die drei Grundmaßstäbe der dynamischen Ähnlichkeit λ, τ, $\varkappa$ sind durch das NEWTONsche Grundgesetz der Dynamik mit dem Verhältnis der Dichten $\delta = \varrho_1 : \varrho_2$ durch eine Gleichung verbunden. Hierbei ist $\varrho = \gamma : g$. Zur Feststellung dieser Abhängigkeit werden zwei homogene Würfel mit den Kantenlängen a_1 und a_2 und den Dichten ϱ_1 und ϱ_2 verglichen. Sie mögen durch die Kräfte P_1 und P_2 die Beschleunigungen $d^2s_1 : dt_1^2$ und $d^2s_2 : dt_2^2$ erfahren. Dann gelten die beiden Gleichungen:

$$P_1 = a_1^3\,\varrho_1\,\frac{d^2s_1}{dt_1^2}, \tag{32}$$

$$P_2 = a_2^3\,\varrho_2\,\frac{d^2s_2}{dt_2^2}. \tag{33}$$

Setzt man nun in die erste der Gleichungen $P_1 = \varkappa P_2$, $a_1 = \lambda a_2$, $\varrho_1 = \delta \varrho_2$, $s_1 = \lambda s_2$ und $t_1 = \tau t_2$ ein und dividiert die erste durch die zweite Gleichung, so ergibt sich die **Maßstabsgleichung**:

$$\varkappa = \lambda^4 \delta \frac{1}{\tau^2}. \tag{34}$$

Führt man in Gl. (34) wieder die Größen $\varkappa = P_1 : P_2$, $\lambda = l_1 : l_2$, $\tau = t_1 : t_2$ und $\delta = \varrho_1 : \varrho_2$ ein und ordnet, so erhält man:

$$\frac{P_1 t_1^2}{l_1^4 \varrho_1} = \frac{P_2 t_2^2}{l_2^4 \varrho_2} = Ne. \tag{35}$$

Gl. (35) ist identisch mit Gl. (23).

In ganz ähnlicher Weise kann man das Froudesche Ähnlichkeitsgesetz aus den Differentialgleichungen ableiten. Man bildet für die oben besprochenen zwei Würfel das Verhältnis von Trägheitskraft zu Schwerkraft. Die Trägheitskraft ist gegeben durch Gl. (32):

$$P = a^3 \varrho \frac{d^2 s}{dt^2},$$

die Schwerkraft ist gegeben durch:

$$G = a^3 \varrho \cdot g.$$

Die Froudeschen Modellgrößen für den Vorgang 1 und 2 sind somit:

$$(Fr)_1 = \frac{P_1}{G} = \frac{\frac{d^2 s_1}{dt_1^2}}{g}$$

und

$$(Fr)_2 = \frac{P_2}{G} = \frac{\frac{d^2 s_2}{dt_2^2}}{g}.$$

Bei Bestehen von Ähnlichkeit muß $(Fr)_1 = (Fr)_2$ sein, also

$$\frac{\frac{d^2 s_1}{dt_1^2}}{g} = \frac{\frac{d^2 s_2}{dt_2^2}}{g}.$$

Setzt man $s_1 = \lambda s_2$ und $t_1 = \tau t_2$ ein, so findet man:

$$\frac{d^2 s_1}{dt_1^2} = \frac{d^2(\lambda s_2)}{d(\varrho t_2)^2} = \frac{\lambda}{\tau^2} \cdot \frac{d^2 s_2}{dt_2^2}.$$

Somit ergibt sich:

$$\frac{\frac{\lambda}{\tau^2}}{g} = \frac{1}{g} \tag{36}$$

und

$$\lambda = \tau^2. \tag{36a}$$

Andererseits findet man, wenn man $\lambda = l_1 : l_2$ und $\tau = t_1 : t_2$ einführt, die Froudesche Ähnlichkeitskenngröße:

$$\frac{l_1}{g t_1^2} = \frac{l_2}{g t_2^2} = Fr. \tag{37}$$

Setzt man noch $l_1 : t_1 = w_1$ und $l_2 : t_2 = w_2$, so wird:

$$\frac{w_1^2}{g\,l_1} = \frac{w_2^2}{g\,l_2} = Fr. \tag{38}$$

Gl. (38) ist identisch mit Gl. (28).

Für Biegungsschwingungen von Stäben mit gleichförmig verteilter Masse soll als Beispiel aus der Differentialgleichung für die Schwingung die maßgebende dimensionslose Ähnlichkeitskenngröße abgeleitet werden. Die Schwingungsgleichung lautet[1]:

$$EJ\,\frac{\partial^4 y}{\partial x^4} = -\,\mu\,\frac{\partial^2 y}{\partial t^2}\,. \tag{39}$$

Hierin bedeuten:

E Elastizitätsmodul in kg/cm²,
J äquatoriales Trägheitsmoment in cm⁴,
μ die auf die Längeneinheit kommende Masse der Belastung in kgs²/cm²,
y Unterschied zwischen dynamischer und statischer Durchbiegung des Trägers in cm,
x Abstand des Querschnittes vom Auflager in cm,
t Zeit in Sekunden (s).

In Abb. 2 ist der Fall der Biegungsschwingung von Stäben im Schema dargestellt. Die Größen der Hauptausführung mögen den Index 1, die der Modellausführung den Index 2 erhalten, die Vergrößerungsverhältnisse sollen bezeichnet werden für die Länge mit λ, für die Zeit mit τ. Man kann dann die Gl. (39) für Hauptausführung (I) und Modellausführung (II) anschreiben:

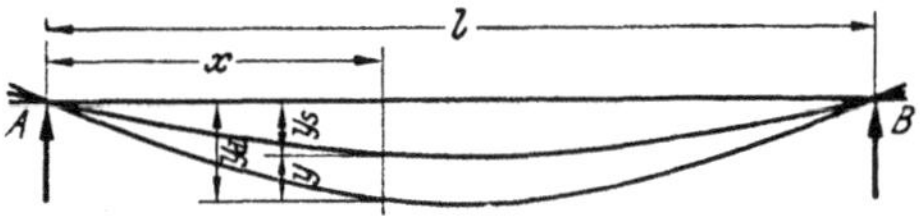

Abb. 2. Biegungsschwingungen von Stäben (Kenngröße aus Differentialgleichung).

$$\left.\begin{aligned} E_1 J_1 \frac{\partial^4 y_1}{\partial x_1^4} &= -\mu_1 \frac{\partial^2 y_1}{\partial t_1^2} \\ E_2 J_2 \frac{\partial^4 y_2}{\partial x_2^4} &= -\mu_2 \frac{\partial^2 y_2}{\partial t_2^2} \end{aligned}\right\} \tag{40}$$

Ferner ist:

$$y_1 = \lambda\, y_2 \qquad x_1 = \lambda\, x_2 \qquad t_1 = \tau\, t_2.$$

Drückt man die Werte 1 durch die Größe 2 aus, so erhält man:

$$E_1 J_1 \frac{\lambda}{\lambda^4}\cdot\frac{\partial^4 y_2}{\partial x_2^4} = -\,\mu_1 \frac{\lambda}{\tau^2}\cdot\frac{\partial^2 y_2}{\partial t_2^2}; \qquad E_2 J_2 \frac{\partial^4 y_2}{\partial x_2^4} = -\,\mu_2 \frac{\partial^2 y_2}{\partial t_2^2}.$$

Nach Division dieser beiden Gleichungen findet man:

$$\frac{E_1 J_1}{E_2 J_2}\cdot\frac{\lambda}{\lambda^4} = \frac{\mu_1}{\mu_2}\cdot\frac{\lambda}{\tau^2}$$

oder:

$$\frac{E_1 J_1}{E_2 J_2}\cdot\frac{\tau^2}{\lambda^4} = \frac{\mu_1}{\mu_2}\,.$$

---

[1] Föppl, A.: Vorlesungen über Technische Mechanik, Bd. 4, S. 264, Leipzig: Teubner 1909.

Setzt man in diese Gleichung $\lambda = l_1 : l_2$ und $\tau = t_1 : t_2$ ein, so wird:

$$\frac{E_1 J_1 \cdot t_1^2}{\mu_1 \cdot l_1^4} = \frac{E_2 J_2 \cdot t_2^2}{\mu_2 \cdot l_2^4}.$$

Ganz allgemein ist demnach:

$$\frac{E J t^2}{\mu l^4} = C^2. \tag{41}$$

C^2 ist eine dimensionslose Ähnlichkeitskenngröße. Sie stellt bei dem vorliegenden Schwingungsproblem das Verhältnis des Quadrates des mit der Zeit t veränderlichen Winkels (βt) zur vierten Potenz des mit dem Ort x $(x = l)$ veränderlichen Winkels (αl) dar, d. h.

$$C^2 = \frac{(\beta t)^2}{(\alpha l)^4} = \frac{(\beta t)^2}{\pi^4}. \tag{42}$$

Der Grund hierfür beruht auf folgender Überlegung: Während nämlich für die Veränderliche Zeit (t) nur der zweite Differentialquotient in Gl. (40) in Erscheinung tritt, gilt für die Veränderliche Ort (x) der vierte Differentialquotient. Durch Gleichsetzung von Gl. (42) und (41) findet man:

$$\frac{E J t^2}{\mu l^4} = \frac{(\beta t)^2}{\pi^4}$$

oder

$$\beta = \frac{\pi^2}{l^2} \cdot \sqrt{\frac{E J}{\mu}}. \tag{43}$$

Für die Schwingungsdauer $T = 2\pi/\beta$ erhält man leicht:

$$T = \frac{2\pi}{\beta} = \frac{2 l^2}{\pi} \cdot \sqrt{\frac{\mu}{E J}}. \tag{44}$$

Man erkennt, daß man auf diese Weise ohne Integration der Differentialgleichung (40) zur Lösung gelangen kann. Nur die Deutung der dimensionslosen Kenngröße C^2 bereitete gewisse grundsätzliche Schwierigkeiten. Ihr physikalischer Sinn konnte nur aus Betrachtungen der Ausgangsdifferentialgleichung festgestellt werden.

4. Aufbau auf der Dimensionslehre.

Die dimensionslosen Ähnlichkeitskenngrößen können auch unmittelbar aus der Dimensionslehre entwickelt werden. Es war bereits gezeigt worden, daß sich jede aus den Grundgrößen x, y, z . . bestehende abgeleitete Größe f als Potenzprodukt

$$f = C_1 \, x^{C_1} \, y^{C_2} \tag{13}$$

darstellen läßt. Weiterhin folgt aus diesem Tatbestand, daß überhaupt alle dimensionslosen Ähnlichkeitskenngrößen als Potenzprodukte auftreten müssen und daß deshalb die charakteristischen Kenngrößen rein formal aus Betrachtungen der Dimensionslehre gewonnen werden können. Um den gesetzmäßigen Aufbau der Potenzprodukte nochmals klar hervortreten zu lassen, sollen die bei einem dynamischen Problem die Trägheitskraft, Schwerkraft und Zähigkeitskraft kennzeichnenden dimensionslosen Potenzprodukte angeschrieben und untersucht werden. Die bezüglichen Kenngrößen sind:

Für die Trägheitskraft: $Ne = P\,l^{-4}\,t^2\,\varrho^{-1}$ nach Gl. (35)
für die Schwerkraft: $Fr = w^2\,l^{-1}\,g^{-1}$ nach Gl. (38)
für die Zähigkeitskraft: $Re = w\,l\,\nu^{-1}$ nach Gl. (27).

Die die Eigenart der einzelnen Kräfte kennzeichnenden Größen sind die Dichte ϱ für die Trägheit, die Erdbeschleunigung g für die Schwerkraft und die kinematische Zähigkeit ν für die Zähigkeitskraft. Weil diese Größen auf die Eigenart der Kraft hinleiten, werden sie auch als „Leitgrößen" bezeichnet. Um diese wichtigen Größen mit dem Exponenten $+1$ statt -1 versehen zu können, führt man zweckmäßig den reziproken Wert obiger Kenngrößen als neue Kenngröße ein. Diese Maßnahme ist zulässig, da für zwei physikalisch ähnliche Vorgänge naturgemäß nicht nur die Kenngrößen selbst, sondern auch ihre reziproken Werte konstant sind. Mit dieser Vereinbarung lassen sich die obigen drei Größen auch schreiben:

$$\left.\begin{aligned} \mathsf{K}_1 &= \frac{1}{Ne} = \varrho\,P^{-1}\,l^{+4}\,t^{-2} = \varrho\,P^{-1}\,l^2\,w^2, \\ \mathsf{K}_2 &= \frac{1}{Fr} = g\,l\,w^{-2}, \\ \mathsf{K}_3 &= \frac{1}{Re} = \nu\,l^{-1}\,w^{-1}. \end{aligned}\right\} \tag{45}$$

Wenn, wie im vorliegenden Falle, bei einem Problem Trägheits-, Schwerkraft und Zähigkeitskräfte auftreten, so ist es ein dynamisches. In den Kenngrößen kommen dann nur die drei Grundgrößen Länge, Zeit und Kraft in Betracht. Es wäre deshalb sehr naheliegend, diese Grundgrößen zur Darstellung der Bestimmungsgrößen zu benutzen. Oft ist es aber vorteilhafter, als Zeitbestimmungsgröße nicht die Grundgröße Zeit (t), sondern die abgeleitete Größe der Geschwindigkeit (w) zu verwenden. Die obigen drei „Kenngrößen" K_1, K_2, K_3 können nun durch ihre Leit- und Bestimmungsgrößen wie folgt ausgedrückt werden:

$$\begin{aligned} \mathsf{K}_1 &= \varrho\,l^2\,w^2\,P^{-1}, \\ \mathsf{K}_2 &= g\,l^1\,w^{-2}\,P^0, \\ \mathsf{K}_3 &= \nu\,l^{-1}\,w^{-1}\,P^0. \end{aligned}$$

Schreibt man die physikalische Gleichung zwischen diesen drei dimensionslosen Kenngrößen symbolisch an, so erhält man:

$$f\,(\mathsf{K}_1, \mathsf{K}_2, \mathsf{K}_3) = 0. \tag{46}$$

Der funktionelle Zusammenhang zwischen den Kenngrößen kann entweder aus einer theoretischen Problemgleichung oder, wenn eine solche nicht oder schwer aufstellbar ist, aus Versuchen bestimmt werden. Die symbolische Gl. (46) enthält die drei „Leitgrößen" ϱ, g, ν und die drei „Bestimmungsgrößen" l, w, P. Die ursprüngliche „Maßgrößengleichung" muß demnach die 6 „Maßgrößen" ϱ, g, ν, l, w, P enthalten und in der symbolischen Form

$$f(\varrho, g, \nu, l, w, P) = 0$$

gelautet haben. In der praktischen Verfahrenstechnik ist es nun meist umgekehrt: Die ursprüngliche Gleichung ist die Maßgrößengleichung, während die Gleichung für die dimensionslosen Kenngrößen gesucht wird. Handelt es sich also um eine dynamische Aufgabe der Mechanik und hat die Ausgangsgleichung n Maßgrößen, so enthalten alle dimensionslosen Kenngrößen 3 „Bestimmungsgrößen" für die Länge, Zeit und Kraft, so daß $(n - 3)$ „Kenngrößen" K_1, K_2, $\mathsf{K}_3 \ldots$ übrig bleiben. Diese $(n - 3)$ Kenngrößen besitzen $(n - 3)$ „Leitgrößen", die die Eigenart einer jeden Kenngröße herausstellen. Die Bestimmungsgrößen mögen mit $b_1, b_2 \ldots$, die Leitgrößen mit $l_1, l_2 \ldots$ bezeichnet werden. Dann lassen sich beispielsweise für $n = 8$ folgende $(n - 3) = (8 - 3) = 5$ Kenngrößen in Gestalt von Potenzprodukten darstellen:

$$\left.\begin{aligned}
\mathsf{K}_1 &= l_1^{\alpha_1} \cdot b_1^{\beta_1} \cdot b_2^{\gamma_1} \cdot b_3^{\delta_1} \\
\mathsf{K}_2 &= l_2^{\alpha_2} \cdot b_1^{\beta_2} \cdot b_2^{\gamma_2} \cdot b_3^{\delta_2} \\
\mathsf{K}_3 &= l_3^{\alpha_3} \cdot b_1^{\beta_3} \cdot b_2^{\gamma_3} \cdot b_3^{\delta_3} \\
\mathsf{K}_4 &= l_4^{\alpha_4} \cdot b_1^{\beta_4} \cdot b_2^{\gamma_4} \cdot b_3^{\delta_4} \\
\mathsf{K}_5 &= l_5^{\alpha_5} \cdot b_1^{\beta_5} \cdot b_2^{\gamma_5} \cdot b_3^{\delta_5} .
\end{aligned}\right\} \tag{46}$$

In diesen Kenngrößen treten die Leitgrößen $l_1 \ldots l_5$ mit Exponenten $\alpha_1 \ldots \alpha_5$ auf. Für alle Ähnlichkeitsbetrachtungen wäre es aber bequemer, wenn die Leitwerte, wie beispielsweise die Erdbeschleunigung g oder die kinematische Zähigkeit ν, ohne Exponenten erscheinen würden. Man erreicht dies, indem man die Kenngrößen zur $1/\alpha_1 \ldots 1/\alpha_5$ten Potenz erhebt. Z. B. wird für:

$$(\mathsf{K}_3)^{\frac{1}{\alpha_3}} = [l_3^{\alpha_3} \cdot b_1^{\beta_3} \cdot b_2^{\gamma_3} \cdot b_3^{\delta_3}]^{\frac{1}{\alpha_3}} = l_3 \cdot b_1^{\frac{\beta_3}{\alpha_3}} \cdot b_2^{\frac{\gamma_3}{\alpha_3}} \cdot b_2^{\frac{\delta_3}{\alpha_2}} . \tag{47}$$

Da K_3 eine dimensionslose Kenngröße ist, so ist auch $(\mathsf{K}_3)^{\frac{1}{\alpha_3}}$ eine dimensionslose Kenngröße $(\mathsf{K}_3)'$. Natürlich ist zunächst, wenn α_3 von l verschieden ist, $(\mathsf{K}_3)'$ ungleich K_3. Ferner kann man einführen:

$$\frac{\beta_3}{\alpha_3} = \alpha_3'$$

$$\frac{\gamma_3}{\alpha_3} = \beta_3'$$

$$\frac{\delta_3}{\alpha_3} = \gamma_3' .$$

Hiermit wird dann aus Gl. (47):

$$\mathsf{K}_3' = l_3 \cdot b_1^{\alpha_3'} \cdot b_2^{\beta_3'} \cdot b_3^{\gamma_3'}.$$

Man kann deshalb, wenn man den Strich (′) als Bezeichnung wieder fallen läßt, die Kenngrößen $\mathsf{K}_1 \ldots \mathsf{K}_5$ auch schreiben:

$$\left.\begin{aligned} \mathsf{K}_1 &= l_1 \cdot b_1^{\alpha_1} \cdot b_2^{\beta_1} \cdot b_3^{\gamma_1} \\ \mathsf{K}_2 &= l_2 \cdot b_1^{\alpha_2} \cdot b_2^{\beta_2} \cdot b_3^{\gamma_2} \\ \mathsf{K}_3 &= l_3 \cdot b_1^{\alpha_3} \cdot b_2^{\beta_3} \cdot b_3^{\gamma_3} \\ \mathsf{K}_4 &= l_4 \cdot b_1^{\alpha_4} \cdot b_2^{\beta_4} \cdot b_3^{\gamma_4} \\ \mathsf{K}_5 &= l_5 \cdot b_1^{\alpha_5} \cdot b_2^{\beta_5} \cdot b_3^{\gamma_5}. \end{aligned}\right\} \quad (48)$$

Die Exponenten der Bestimmungsgrößen sind so zu errechnen, daß die Kenngröße K dimensionslos wird. Auf Grund dieser Forderung erhält man für die 3 Grundgrößen Länge, Zeit, Kraft je eine Gleichung mit den drei Unbekannten α, β, γ, so daß die drei unbekannten Exponenten aus den drei aufgestellten Gleichungen ermittelt werden können. Diese Rechenvorschrift soll an dem Beispiel des in der chemischen Industrie häufig benutzten Blattrührers erörtert werden. Auf Abb. 3 ist ein Blattrührer von der Breite d (m) und der Höhe (h) m im Schema dargestellt. Die Gefäßhöhe möge H (m) sein, die gerührte Flüssigkeit besitze die Dichte ϱ (kgs^2/m^4), das spez. Gewicht γ (kg/m^3) und die kinematische Zähigkeit ν (m^2/s). Der Leistungsbedarf des Rührblattes betrage N (PS) bei einer Drehzahl n (U/min). Zwischen diesen Größen besteht eine zunächst noch unbekannte physikalische Gleichung folgender symbolischer Form:

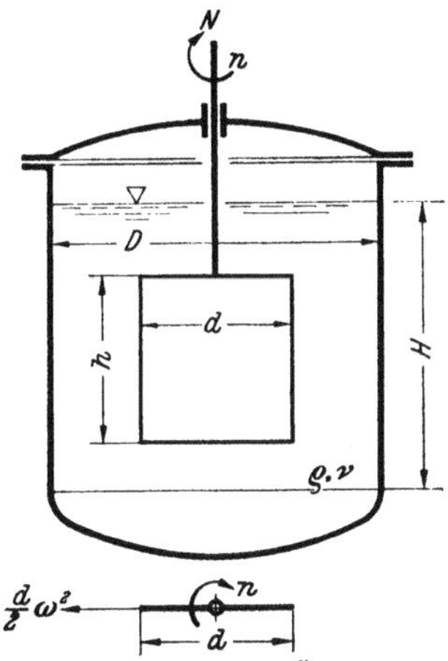

Abb. 3. Dynamische Ähnlichkeit beim Blattrührer. — N Leistung in PS; — n Drehzahl in U/min; — D Gefäßdurchmesser (m); — d Blattbreite (m); — h Blatthöhe (m); — H zyl. Flüssigkeitshöhe (m); — $\varrho = \frac{\gamma}{g}$ = Dichte (kgs^2/m^4); — $\nu = \eta/\varrho$ = Zähigkeit (m^2/s); — γ spez. Gewicht (kg/m^3).

$$F\,(N, d, n, h, H, D, \varrho, \gamma, \nu) = 0. \quad (49)$$

Diese Maßgrößengleichung mit 9 Maßgrößen kennzeichnet das vorliegende Rührerproblem. Da dieses dynamischer Art ist, müssen nach den obigen Ausführungen drei Bestimmungsgrößen, (9—3) = 6 Kenngrößen und (9—3) = 6 Leitgrößen auftreten. Als Bestimmungsgrößen b_1, b_2, b_3 der Gl. (48) wählt man zweckmäßig die drei sich unmittelbar auf das Rührblatt beziehenden Größen:

der Leistung N in ($m\,kg\,s^{-1}$) für die Kraft (kg),

der Rührbreite d in (m) für die Länge (m),

der Winkelgeschwindigkeit $\omega = \frac{\pi \cdot n}{30}$ in (s^{-1}) für die Zeit (s).

Die 6 Kenngrößen K lassen sich alsdann mit den übrigbleibenden 6 Leitgrößen h, H, D, ϱ, γ, ν als Potenzprodukte der Bestimmungsgrößen in Gestalt von Gl. (48) wie folgt darstellen:

$$\left.\begin{aligned} \mathsf{K}_1 &= h \cdot N^{\alpha_1} d^{\beta_1} \omega^{\gamma_1} \\ \mathsf{K}_2 &= H \cdot N^{\alpha_2} d^{\beta_2} \omega^{\gamma_2} \\ \mathsf{K}_3 &= D \cdot N^{\alpha_3} d^{\beta_3} \omega^{\gamma_3} \\ \mathsf{K}_4 &= \varrho \cdot N^{\alpha_4} d^{\beta_4} \omega^{\gamma_4} \\ \mathsf{K}_5 &= \gamma \cdot N^{\alpha_5} d^{\beta_5} \omega^{\gamma_5} \\ \mathsf{K}_6 &= \nu \cdot N^{\alpha_6} d^{\beta_6} \omega^{\gamma_6}. \end{aligned}\right\} \qquad (50)$$

Als Beispiele zur Berechnung solcher Kenngrößen mögen K_1 und K_6 dienen:

Berechnung von K_1.

Es werden dargestellt:

h in m^{+1}

N in $\mathrm{m\ kg\ s}^{-1}$

d in m^{+1}

ω in s^{-1}.

Setzt man diese Werte in die erste der Gl. (50) ein, so erhält man:

$$\mathsf{K}_1 = \mathrm{m}^{+1}\,\mathrm{m}^{\alpha_1} \cdot \mathrm{kg}^{\alpha_1} \cdot \mathrm{s}^{-\alpha_1} \cdot \mathrm{m}^{\beta_1} \cdot \mathrm{s}^{-\gamma_1}.$$

Damit K_1 dimensionslos wird, müssen die Exponenten der Länge (m), der Zeit (s) und der Kraft (kg) zu Null werden. Hieraus folgt:

für die Länge: $0 = +1 + \alpha_1 + \beta_1$

für die Kraft: $0 = \alpha_1$,

für die Zeit: $0 = -\alpha_1 - \gamma_1$.

Dies sind 3 Gleichungen mit den 3 Unbekannten α_1, β_1, γ_1. Aus ihnen folgt:

$$\alpha_1 = 0,$$
$$\gamma_1 = 0,$$
$$\beta_1 = -1.$$

Somit ergibt sich die Kenngröße K_1 zu:

$$\mathsf{K}_1 = h\,d^{-1} = \frac{h}{d}. \qquad (51)$$

Diese Kenngröße ist also eine die geometrische Ähnlichkeit darstellende Kenngröße, nämlich das Verhältnis von Höhe zu Breite ausdrückend.

Man erkennt sofort, daß der Rechnungsgang und das Ergebnis grundsätzlich für K_2 und K_3 die gleichen sind. Man findet:

$$K_2 = \frac{H}{d} \text{ (Gefäßhöhe zu Blattbreite)},$$

$$K_3 = \frac{D}{d} \text{ (Gefäßdurchmesser zu Blattbreite)}$$

Berechnung von K_6.

Setzt man in die letzte der Gl. (50) die 3 Dimensionen *m*, *s*, kg ein, so erhält man für K_6 die Dimensionsgleichung unter Beachtung, daß die Dimension von ν ($m^2 s^{-1}$) ist:

$$K_1 = m^2 s^{-1} m^{\alpha_6} \cdot kg^{\alpha_6} \cdot s^{-\alpha_6} \cdot m^{\beta_6} \cdot s^{-\gamma_6}.$$

Folgende 3 Gleichungen mit den 3 Unbekannten α_6, β_6, γ_6 ergeben sich:

$$\text{für m: } 0 = 2 + \alpha_6 + \beta_6$$

$$\text{für kg: } 0 = \alpha_6$$

$$\text{für s: } 0 = -1 - \alpha_6 - \gamma_6.$$

Hieraus errechnen sich die drei Unbekannten zu:

$$\alpha_6 = 0, \qquad \beta_6 = -2, \qquad \gamma_6 = -1.$$

Somit ergibt sich die Kenngröße K_6 zu:

$$K_6 = \nu \cdot d^{-2} \cdot \omega^{-1} = \frac{\nu}{d^2 \omega}. \tag{52}$$

Ebenso kann man die Größen K_4, K_5 errechnen und findet:

$$K_4 = \frac{\varrho\, d^5 \omega^3}{N}, \tag{53}$$

$$K_5 = \frac{\gamma\, d^4 \omega}{N}. \tag{54}$$

Die symbolische Gleichung mit den 6 dimensionslosen Kenngrößen lautet demnach:

$$f\left(\frac{h}{d}, \frac{H}{d}, \frac{D}{d}, \frac{\varrho\, d^5 \omega^3}{N}, \frac{\gamma\, d^4 \omega}{N}, \frac{\nu}{d^2 \omega}\right) = 0. \tag{55}$$

Wenn in die symbolische Gl. (49) alle wichtigen Maßgrößen aufgenommen waren, dann liefert die symbolische Gl. (55) alle nur möglichen Kenngrößen des Problems. Die ersten drei Größen h/d, H/d, D/d drücken reine geometrische Ähnlichkeit aus, die vierte Größe $\varrho\, d^5 \omega^3/N$ ist die reziproke NEWTONsche Kenngröße der Trägheit, $K_4 : K_5$ stellt die FROUDEsche Zahl *Fr* dar, die sechste Größe $\nu/d^2 \omega$ ist die reziproke REYNOLDSsche Kenngröße. Diese Tatsache geht leicht aus folgenden

Überlegungen hervor: Setzt man nämlich bei der vierten Größe für $N = P \cdot w/75 = Pd \cdot \omega/75$ ein, so wird:

$$\mathsf{K}_4 = \frac{\varrho\, d^5\omega^3}{N} = \frac{\varrho\, d^5\omega^3}{P\, d \cdot \omega} \cdot 75 = \frac{75\,\varrho\, d^4\omega^2}{P}\,,$$

$$\frac{1}{\mathsf{K}_4} = \frac{P}{75\,\varrho\, d^4\omega^2}\,.$$

Beachtet man noch, daß ω die Dimension (t^{-1}) besitzt, so findet man:

$$\frac{1}{\mathsf{K}_4} = \frac{1}{75} \cdot \frac{P \cdot t^2}{\varrho\, d^4} = \frac{Ne}{75}\,.$$

Die Größe $Pt^2/\varrho\, d^4$ stellt aber nach Gl. (23) nichts anderes dar als die NEWTONsche Ähnlichkeitskenngröße Ne, die bei zwei bezüglich der Trägheitskraft ähnlichen Vorgängen gleich ist. Bildet man $\mathsf{K}_4 : \mathsf{K}_5$, so wird

$$\frac{\mathsf{K}_4}{\mathsf{K}_5} = \frac{\varrho\, d^5\omega^3 \cdot N}{N\,\gamma\, d^4\omega} = \frac{\varrho\, d\omega^2}{\gamma}\,.$$

Mit $\varrho = \gamma/g$ wird dann:

$$\frac{\mathsf{K}_4}{\mathsf{K}_5} = \frac{d\omega^2}{g} = \frac{(d\omega)^2}{dg} = \frac{w^2}{dg} = Fr.$$

Dies ist aber nach Gl. (20) die FROUDEsche Kenngröße.
Ferner ist:

$$\frac{1}{\mathsf{K}_6} = \frac{d^2\omega}{\nu} = \frac{(d\omega)\, d}{2 \cdot \nu} = \frac{d}{2} \cdot \frac{d\omega}{\nu} = \frac{Re}{2}\,,$$

$d^2\omega/\nu$ ist aber nach Gl. (18) die REYNOLDSsche Kenngröße. Damit die Größen der Gl. (55) praktisch verwertbar sind, müssen sie noch etwas umgestaltet werden: Multipliziert man h/d mit $\varrho\, d^5\, \omega^3/N$, so ergibt das Produkt eine neue dimensionslose Kenngröße:

$$K_7 = \frac{h}{d} \cdot \frac{\varrho\, d^5\omega^3}{N} = \frac{\varrho\, h\, d^4\omega^3}{N}\,.$$

Setzt man hierin $\omega = \pi\, n/30$ ein, so erhält man für den Leistungsverbrauch des Rührers:

$$N = \frac{1}{\mathsf{K}_7} \cdot \left(\frac{\pi}{30}\right)^3 \cdot \varrho\, h\, d^4 n^3.$$

Führt man noch zur Abkürzung ein:

$$c = \frac{1}{\mathsf{K}_7} \cdot \left(\frac{\pi}{30}\right)^3\,.$$

$\frac{1}{\mathsf{K}_7}$ ist ebenso wie $\frac{1}{\mathsf{K}_4}$ eine Kenngröße der NEWTONschen Ähnlichkeit. c selbst ist demnach auch die NEWTONsche Kenngröße der Trägheit. Hiermit wird der Leistungsverbrauch des Blattrührers:

$$N = c \cdot \varrho \cdot h \cdot d^4 n^3. \qquad (56)$$

Man erkennt zugleich aus Gl. (55), daß die Leistungsgröße (= NEWTONsche Größe) c abhängig ist von der FROUDEschen Zahl w^2/dg, von der

REYNOLDSschen Zahl dw/v und von den geometrischen Kenngrößen h/d, H/d, D/d. Die strenge Lösung des vorliegenden Problemes erfordert also die gleichzeitige Erfüllung zweier Modellgesetze, des FROUDEschen und des REYNOLDSschen.

Im folgenden Abschnitt sollen nun die grundsätzlichen Bedingungen bei der gleichzeitigen Erfüllung mehrerer Modellgesetze erörtert werden.

5. Gleichzeitige Erfüllung mehrerer Modellgesetze.

Bei der gleichzeitigen Erfüllung mehrerer Modellgesetze in der Dynamik muß neben diesen auch das NEWTONsche Grundgesetz der Dynamik gelten. Dieses lautet bekanntlich:

$$\text{Kraft} = \text{Masse} \times \text{Beschleunigung}$$

oder

$$P = m \cdot \frac{d^2 s}{dt^2}\,.$$

Zwei homogene Würfel mit den Kantenlängen a_1 und a_2 und den Dichten ϱ_1 und ϱ_2 mögen durch die Kräfte P_1 und P_2, die Beschleunigungen $d^2 s_1 : dt_1^2$ und $d^2 s_2 : dt_2^2$ erfahren. Es gelten folgende zwei Gleichungen:

$$P_1 = a_1^3\, \varrho_1 \cdot \frac{d^2 s_1}{dt_1^2}$$

$$P_2 = a_2^3\, \varrho_2 \cdot \frac{d^2 s_2}{dt_2^2}\,.$$

Man führt nun für die Maßstäbe folgende Bezeichnungen ein:

Für die Längen: $a_1 = \lambda\, a_2$; $s_1 = \lambda\, s_2$

für die Zeiten: $t_1 = \tau\, t_2$ $\qquad \varrho_1 = \delta \varrho_2$

für die Kräfte $P_1 = \varkappa\, P_2$.

Die beiden obigen Gleichungen können hiermit geschrieben werden:

$$\varkappa\, P_2 = (\lambda\, a_2)^3 \cdot \delta \varrho_2 \cdot \frac{d^2 (\lambda\, s_2)}{d(\tau\, t_2)^2}$$

$$P_2 = a_2^3 \cdot \varrho_2 \frac{d^2\, s_2}{dt_2^2}\,.$$

Dividiert man die erste Gleichung durch die zweite, so erhält man:

$$\varkappa = \lambda^4\, \delta \cdot \frac{1}{\tau^2}\,. \tag{57}$$

Gl. (57) ist identisch mit Gl. (22). Gl. (57) muß für alle dynamischen Vorgänge erfüllt sein. Da sie die vier Maßstabsverhältnisse $\varkappa$, λ, δ, τ enthält, können höchstens drei willkürlich gegeben werden. Dann ist das vierte Maßstabsverhältnis bestimmt. Sollen in den beiden Modellen auch die Dichten $\varrho_1 = \varrho_2$ sein, so wird $\delta = 1$, und es können dann nur noch 2 Maßstabsgrößen frei gewählt werden. Weitere Beschränkungen in der Wahl der Maßstäbe treten ein, wenn außer dem NEWTONschen Gesetz noch andere Modellgesetze zu erfüllen sind. Für das FROUDEsche Gesetz kommt nach Gl. (36a) die neue Beziehung

$$\lambda = \tau^2$$

zwischen den Maßstabsgrößen zu der Gl. (57) hinzu. Zur Erfüllung des NEWTONschen Trägheitsgesetzes und des FROUDEschen Modellgesetzes gelten somit die beiden Gleichungen:

$$\varkappa = \lambda^4 \, \delta \cdot \frac{1}{\tau^2},$$

$$\lambda = \tau^2.$$

In diesen beiden Gleichungen sind die vier Unbekannten $\varkappa$, λ, δ, τ enthalten. Hat man zwei von ihnen frei gewählt, so sind die übrigen zwei durch die obigen Beziehungen bestimmt. Werden für Haupt- und Modellausführung die gleichen Stoffe benutzt ($\delta = 1$), so kann nur noch ein Maßstabsverhältnis frei gewählt werden. Gibt man beispielsweise $\delta = 1$ und λ vor, so wird:

$$\tau = \sqrt{\lambda},$$

$$\varkappa = \lambda^3.$$

Für $\lambda = 9$ wäre z. B. $\tau = 3$ und $\varkappa = 729$.

Muß außer dem FROUDEschen auch noch das REYNOLDSsche Modellgesetz erfüllt werden, so muß nach Gl. (27) die REYNOLDSsche Zahl

$$Re = \frac{w \cdot l}{\nu},$$

für Haupt- und Modellausführung gleich sein. Es gilt demnach:

$$\frac{w_1 \, l_1}{\nu_1} = \frac{w_2 \, l_2}{\nu_2},$$

oder

$$\frac{w_1}{w_2} \cdot \frac{l_1}{l_2} = \frac{\nu_1}{\nu_2}.$$

Mit $l_1 : l_2 = \lambda$, $w_1 : w_2 = \lambda : \tau$ und $\nu_1 : \nu_2 = \psi$ heißt somit das REYNOLDSsche Maßstabsgesetz:

$$\lambda^2 = \psi \, \tau.$$

Insgesamt müssen bei gleichzeitigem Auftreten von FROUDES und REYNOLDS' Gesetz folgende drei Gleichungen erfüllt werden:

$$\varkappa = \lambda^4 \frac{\delta}{\tau^2}$$

$$\lambda = \tau^2,$$

$$\lambda^2 = \psi \, \tau.$$

Diese enthalten die 5 Veränderlichen $\varkappa$, λ, τ, δ, ψ, von denen höchstens zwei Größen frei gewählt werden können. Wählt man z. B. $\delta = \varrho_1 : \varrho_2$ und $\psi = \nu_1 : \nu_2$, so findet man aus den obigen 3 Gleichungen:

$$\varkappa = \delta \psi^2,$$

$$\lambda = \psi^{2/3},$$

$$\tau = \psi^{1/3}.$$

Hier sind also allein durch die beiden Stoffkonstanten δ und ψ die Maßstäbe für die Kräfte ($\varkappa$), Längen (λ) und Zeiten (τ) bestimmt. Bei gleichen Stoffen für Haupt- und Modellausführung wird im besonderen wegen $\delta = 1$ und $\psi = 1$: $\varkappa = 1$, $\lambda = 1$, $\tau = 1$. Dies besagt, daß bei der gleichzeitigen Erfüllung des FROUDEschen und REYNOLDSschen Modellgesetzes Haupt- und Modellausführung identisch werden. Beim Hinzutreten eines jeden weiteren Modellgesetzes muß eine neue Gleichung zwischen einer neuen Stoffkonstanten und den Maßstäben hinzugefügt werden. Bei der gleichzeitigen Erfüllung von 3 Modellgesetzen sind 6 Veränderliche und 4 Gleichungen vorhanden. Es dürfen demnach höchstens $(6-4) = 2$ Veränderliche frei gewählt werden. Dadurch kommt es, daß beim Auftreten mehrerer Modellgesetze für gleiche Stoffkonstanten zwischen Haupt- und Modellausführung keine Ähnlichkeit mehr bestehen kann.

Bezeichnet man zwecks übersichtlicher Darstellungsweise mit:

m Anzahl der zu erfüllenden Ähnlichkeitsgesetze,
n Anzahl der Maßstabsverhältnisse,
f Anzahl der frei zu wählenden Maßstabsverhältnisse (Freiheiten),

so kann man folgende Beziehung für die gleichzeitige Erfüllung von Ähnlichkeitsgesetzen aufstellen:

$$f = n - m. \tag{58}$$

Diese Ähnlichkeitsbeziehung erinnert an das GIBBSsche Phasengesetz der Thermodynamik:

$$f = (n + 2) - m.$$

Hierin bedeuten:

f frei zu wählende thermodynamische Größen (Freiheiten),
n Anzahl der Gemischkomponenten,
m Anzahl der Phasen.

Die Gemischkomponenten n sind also vergleichbar den Maßstabsverhältnissen, die Phasenzahl m entspricht der Anzahl der zu erfüllenden Ähnlichkeitsgesetze, und die Anzahl f der frei zu wählenden thermodynamischen Größen entspricht der Anzahl der frei zu wählenden Maßstabsverhältnisse. Die sich auf die beiden „intensiven" Größen Druck p und Temperatur T beziehende Zahl 2 im GIBBSschen Phasengesetz kann naturgemäß im Ähnlichkeitsgesetz nicht auftreten, weil in diesem nicht die treibenden Größen von physikalischen Veränderungen wie im GIBBSschen Phasengesetz betrachtet werden.

6. Anwendung des Ähnlichkeitsgrundsatzes auf thermodynamische und chemische Vorgänge.

Entsprechend den vier Grundeinheiten (m), (sec), (kg) und (°K) müssen für thermodynamische und chemische Vorgänge vier Grundmaßstäbe festgelegt werden:

für die Länge: $l_1 : l_2 = \lambda$,
für die Zeit: $t_1 : t_2 = \tau$,
für die Kraft: $P_1 : P_2 = \varkappa$,
für die Temperatur: $T_1 : T_2 = \vartheta$.

Wärmemengen müssen bei solchen Problemen durch (mkg) dargestellt werden.

a) Wärmedurchgang bei Kühlern, Anwärmern und Wärmeaustauschern.

Kühler: Bei Kühlern nach dem reinen Gegenstromprinzip strömt die heiße Flüssigkeit (außerhalb der Rohre) entgegen der kalten Flüssigkeit (innerhalb der Rohre). Zwischen beiden Medien muß ein Temperaturgefälle bestehen, damit gemäß dem 2. Hauptsatz der Thermodynamik Wärme von der Flüssigkeit mit der höheren Temperatur ($t°$ C) auf die Flüssigkeit mit der niederen Temperatur ($t'°$ C) übertragen werden kann. Je länger der Weg ist, auf dem die beiden Flüssigkeiten im Austausch stehen, desto geringer wird das Temperaturgefälle zwischen ihnen. Für eine unendlich große Austauschfläche wird es zu Null. Die Temperaturen beider Flüssigkeiten nähern sich also bei unendlich großer Austauschfläche einer gemeinsamen Grenztemperatur t_∞.

Ist nun die Anfangstemperatur der heißen Flüssigkeit t_1 und die Endtemperatur der kalten Flüssigkeit an der gleichen Stelle des Kühlers t_1', so kann man aus den kennzeichnenden Temperaturen t, t_1, t_1' und t_∞ eine dimensionslose Kenngröße

$$\frac{t - t_\infty}{t_1 - t_1'} = \vartheta \text{ für die kalte Flüssigkeit} \tag{59}$$

und

$$\frac{t' - t_\infty}{t_1 - t_1'} = \vartheta' \text{ für die heiße Flüssigkeit.} \tag{58}$$

bilden. Auf der Seite des Eintrittes der heißen Flüssigkeit wird dann:

$$\vartheta_0 = \frac{t_1 - t_\infty}{t_1 - t_1'}, \tag{60}$$

$$\vartheta_0' = \frac{t_1' - t_\infty}{t_1 - t_1'}. \tag{61}$$

Siehe Abb. 4. Auf der Seite des Austrittes der heißen Flüssigkeit wird bei unendlich großer Austauschfläche gemäß dem 2. Hauptsatz:

$$\vartheta_a = \frac{t_\infty - t_\infty}{t_1 - t_1'} = 0,$$

$$\vartheta_a' = \frac{t_\infty - t_\infty}{t_1 - t_1'} = 0.$$

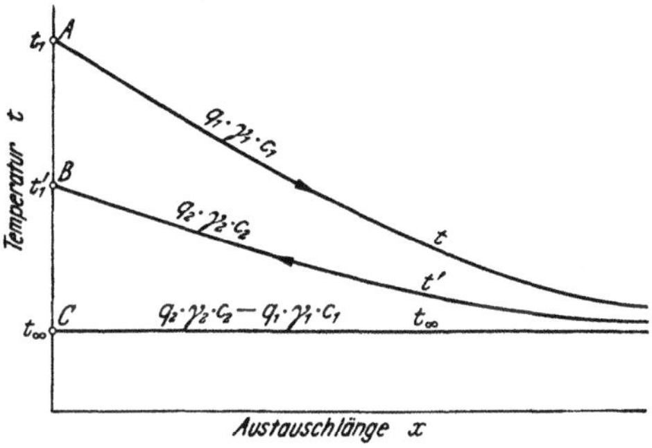

Abb. 4. Temperaturverlauf im Kühler.

Verfolgt man wie in Abb. 5 die veränderlichen Temperaturgrößen ϑ und ϑ' über die gesamte Austauschfläche und stellt sie in Abhängigkeit von einer dimensionslosen Austauschgröße μ dar, so erhält man Kurven $\vartheta = f(\mu)$ und $\vartheta' = f(\mu)$ von der mathematischen Gestalt:

$$\vartheta = \vartheta_0 \cdot e^{-\mu}, \tag{62}$$

$$\vartheta' = \vartheta_0' \cdot e^{-\mu}. \tag{63}$$

Aus Gl. (62) und (63) liest man ab, daß für alle Stellen des Kühlers ist:

$$\frac{\vartheta'}{\vartheta} = \frac{\vartheta_0'}{\vartheta_0} = \varphi = \text{konstant.}$$

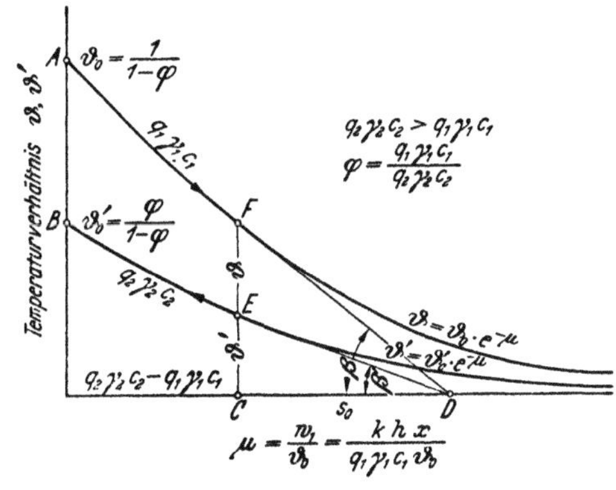

Abb. 5. Verlauf der Temperaturverhältnisse ϑ, ϑ' im Kühler.

Die Größe von φ folgt aus dem 1. Hauptsatz: Die an der Eintrittsstelle der heißen Flüssigkeit von dieser an die kalte stündlich abgegebene Wärmemenge $q_1 \gamma_1 c_1 (t_1 - t_\infty)$ muß gleich sein der von der kalten Flüssigkeit aufgenommenen Wärmemenge $q_2 \gamma_2 c_2 (t_1' - t_\infty)$. Hierbei bedeuten:

q_1 heiße Flüssigkeitsmenge in (m^3/h),	γ_2 spez. Gewicht von q_2 in (kg/m^3),
q_2 kalte Flüssigkeitsmenge in (m^3/h),	c_1 spez. Wärme von q_1 in (kcal/kg °C),
γ_1 spez. Gewicht von q_1 in (kg/m^3)	c_2 spez. Wärme von q_2 in (kcal/kg °C).

Es muß demnach die Gleichung bestehen:

$$q_1 \gamma_1 c_1 (t_1 - t_\infty) = q_2 \gamma_2 c_2 (t_1' - t_\infty),$$

$$\frac{t_1' - t_\infty}{t_1 - t_\infty} = \frac{\frac{t_1' - t_\infty}{t_1 - t_1'}}{\frac{t_1 - t_\infty}{t_1 - t_1'}} = \frac{\vartheta_0'}{\vartheta_0} = \frac{q_1 \gamma_1 c_1}{q_2 \gamma_2 c_2} = \varphi. \tag{64}$$

Kennzeichnend für den Kühler ist es, daß die kühlende Flüssigkeit und somit die mit ihr stündlich pro Grad hindurchströmende Wärmemenge $q_2 \gamma_2 c_2$ größer ist als die zu kühlende Flüssigkeit mit der stündlich pro Grad hindurchströmenden Wärmemenge $q_1 \gamma_1 c_1$. Es ist also $q_2 \gamma_2 c_2 > q_1 \gamma_1 c_1$. Nach dem Hebelgesetz, dem statischen Ausdruck der Mengenbilanz oder des 1. Hauptsatzes, ist, wie aus Abb. 4 hervorgeht:

Für A als Momentenpunkt:

$$(q_2 \gamma_2 c_2 - q_1 \gamma_1 c_1)(t_1 - t_\infty) = q_2 \gamma_2 c_2 (t_1 - t_1').$$

Hieraus folgt:

$$\frac{t_1 - t_\infty}{t_1 - t_1'} = \vartheta_0 = \frac{q_2 \gamma_2 c_2}{q_2 \gamma_2 c_2 - q_1 \gamma_1 c_1} = \frac{1}{1 - \frac{q_1 \gamma_1 c_1}{q_2 \gamma_2 c_2}} = \frac{1}{1 - \varphi}$$

$$\vartheta_0 = \frac{1}{1 - \varphi}. \tag{65}$$

Aus Gl. (64) ergibt sich:

$$\vartheta_0' = \vartheta_0 \cdot \varphi = \frac{\varphi}{1 - \varphi}. \tag{66}$$

Die Geschwindigkeit, mit der sich ϑ bei wachsendem μ (Abb. 5) vermindert, hängt von der Differenz zweier dimensionsloser Wärmeströmungszahlen ab. Die eine Wärmeströmungszahl, die die Wärmeabgabe kennzeichnet, drückt das Verhältnis der stündlich pro Grad *quer* durch die Rohrwand gehenden Wärmemenge aus zu der stündlich pro Grad *längs* der Rohrwand von der heißen Flüssigkeit abgegebenen Wärmemenge. Die andere Wärmeströmungszahl, die die Wärmeaufnahme kennzeichnet, bedeutet das Verhältnis der stündlich pro Grad *quer* durch die Rohrwand gehenden Wärmemenge zu der stündlich pro Grad *längs* der Rohrwand von der kalten Flüssigkeit aufgenommenen Wärmemenge. Um diese Wärmeströmungszahlen durch Formeln darzustellen, mögen noch folgende Bezeichnungen für den Wärmedurchgang eingeführt werden:

k Wärmedurchgangszahl in (kcal/m^{2}h °C),
h Kühlfläche für 1 m Länge Rohr in (m^2/m),
x Rohrlänge in (m).

Hiermit erhält man:

für die Wärme*abgabe*: $$w_1 = \frac{k\,h\,x}{q_1 \gamma_1 c_1}, \tag{67}$$

für die Wärme*aufnahme*: $$w_2 = \frac{k\,h\,x}{q_2 \gamma_2 c_2}. \tag{68}$$

Für den Exponenten μ in den Gln. (62) und (63) erhält man nach diesen Erklärungen:

$$\mu = w_1 - w_2 = \frac{k\,h\,x}{q_1 \gamma_1 c_1} - \frac{k\,h\,x}{q_2 \gamma_2 c_2}. \tag{69}$$

Man kann dies auch noch schreiben:

$$\mu = w_1\left(1 - \frac{w_2}{w_1}\right) = w_1\,(1 - \varphi). \tag{70}$$

Unter Beachtung von Gl. (65) folgt auch:

$$\mu = \frac{w_1}{\vartheta_0} \tag{71}$$

In Worte gekleidet heißt dies: Der Exponent μ ist die auf das dimensionslose Eingangstemperaturverhältnis ϑ_0 bezogene, dimensionslose Wärmeströmungszahl der heißen Flüssigkeit w_1.

Die Gln. (62) und (63) lauten nunmehr:

$$\vartheta = \vartheta_0 \cdot e^{-\mu} = \vartheta_0 \cdot e^{-\frac{w_1}{\vartheta_0}}, \tag{72}$$

$$\vartheta' = \vartheta_0' \cdot e^{-\mu} = \vartheta_0' \cdot e^{-\frac{w_1}{\vartheta_0}}. \tag{73}$$

Die Tangente in irgendeinem Punkte F der ϑ-Kurve oder in einem Punkte E der ϑ'-Kurve hat die Neigung (s. Abb. 5):

$$\frac{d\vartheta}{d\mu} = -\vartheta_0 \cdot e^{-\mu} = -\vartheta = \operatorname{tg}(180 - \beta),$$

$$\frac{d\vartheta'}{d\mu} = -\vartheta_0' \cdot e^{-\mu} = -\vartheta' = \operatorname{tg}(180 - \beta').$$

Hieraus folgt:

$$\operatorname{tg}\beta = \vartheta,$$

$$\operatorname{tg}\beta' = \vartheta'.$$

Ferner ergibt sich aus den Dreiecken FDC und EDC:

$$\operatorname{tg}\beta = \frac{FC}{CD} = \frac{\vartheta}{s_0} = \vartheta,$$

$$\operatorname{tg}\beta' = \frac{EC}{CD} = \frac{\vartheta'}{s_0} = \vartheta'.$$

Aus diesen Beziehungen folgt, daß die Subtangente der ϑ- und ϑ'-Kurven in allen Punkten gleich ist, nämlich:

$$CD = s_0 = 1. \tag{74}$$

Der physikalische Sinn dieser mathematischen Eigenschaft ist der, daß bei

$$s_0 = \Delta\mu = \frac{\Delta w_1}{\vartheta_0} = 1,$$

$$\Delta w_1 = \vartheta_0$$

ist oder daß bei $s_0 = 1$ der Zuwachs der Wärmeströmungszahl w_1 gleich dem Eingangstemperaturverhältnis ϑ_0 wird.

Nach den soeben durchgeführten Betrachtungen sind nun zwei Kühler in thermodynamischer Beziehung ähnlich, wenn sie in den beiden dimensionslosen Kenngrößen der Wärmeströmung übereinstimmen:

$$\varphi = \frac{q_1 \gamma_1 c_1}{q_2 \gamma_2 c_2}, \tag{74}$$

$$\psi = \frac{k \cdot h \cdot 1}{q_1 \gamma_1 c_1}. \tag{75}$$

φ ist hierbei die Kenngröße für die stündlich pro Grad *längs* der Austauschfläche im Gegenstrom aneinander vorbeifließenden Wärmemengen.

ψ ist die Kenngröße für die stündlich pro Grad und Einheitsaustauschfläche *quer* durch die Rohrwand gehende Wärmemenge zu der *längs* der Rohrwand fließenden Wärmemenge der heißen Flüssigkeit.

Aus der Kenngröße φ findet man gemäß Gl. (65):

$$\frac{1}{1-\varphi} = \vartheta_0 = \frac{t_1 - t_\infty}{t_1 - t_1'}. \tag{76}$$

t_1 und t_1' müssen gegeben sein. Aus ihnen errechnet man:

$$t_\infty = \vartheta_0 t_1' - (\vartheta_0 - 1)\, t_1$$

oder mit $\vartheta_0 = 1/(1-\varphi)$:

$$t_\infty = \frac{t_1' - \varphi\, t_1}{(1-\varphi)}. \tag{77}$$

An einem Zahlenbeispiel soll dies näher erläutert werden:
Für 3 Kühler mögen gegeben sein:

1. $t_1 = 80^\circ$ C $\quad t_1' = 60^\circ$ C,
2. $t_1 = 60^\circ$ C $\quad t_1' = 40^\circ$ C,
3. $t_1 = 70^\circ$ C $\quad t_1' = 65^\circ$ C,

ferner

$$\varphi = \frac{1}{2}, \qquad \psi = 1{,}5.$$

Aus Gl. (77) findet man für:

Kühler 1: $t_\infty = 40^\circ$ C,

Kühler 2: $t_\infty = 20^\circ$ C,

Kühler 3: $t_\infty = 60^\circ$ C.

Für alle drei Kühler ist

$$\vartheta_0 = \frac{t_1 - t_\infty}{t_1 - t_1'} = \frac{1}{1-\varphi} = 2,$$

$$\vartheta_0' = \frac{t_1' - t_\infty}{t_1 - t_1'} = \frac{\varphi}{1-\varphi} = 1.$$

Alle drei Kühler haben die gleichen Kurven nach Abb. 5:

$$\vartheta = \vartheta_0 \cdot e^{-\psi(1-\varphi)x}, \tag{78}$$

$$\vartheta' = \vartheta'_0 \cdot e^{-\psi(1-\varphi)x}. \tag{79}$$

Anwärmer und Wärmeaustauscher. Zu ähnlichen Ergebnissen gelangt man bei den Anwärmern mit $q_1 \gamma_1 c_1 > q_2 \gamma_2 c_2$ und bei den Wärmeaustauschern mit $q_1 \gamma_1 c_1 = q_2 \gamma_2 c_2$.

Bei dem Anwärmer wird:

$$\vartheta = \frac{t_\infty - t}{t_1 - t'_1}, \qquad \vartheta' = \frac{t_\infty - t'}{t_1 - t'_1},$$

$$\vartheta_0 = \frac{t_\infty - t_1}{t_1 - t'_1} = \frac{1}{\varphi - 1},$$

$$\vartheta'_0 = \frac{t_\infty - t'}{t_1 - t'_1} = \frac{\varphi}{\varphi - 1},$$

$$\varphi = \frac{q_1 \gamma_1 c_1}{q_2 \gamma_2 c_2} > 1.$$

Die Grenztemperatur t_∞ errechnet sich zu:

$$t_\infty = \frac{t_1 \varphi - t'_1}{\varphi - 1}. \tag{80}$$

Ferner ist noch: $\psi = \frac{k\,h}{q_1 \gamma_1 c_1}$.

Die beiden Kurvengleichungen lauten:

$$\vartheta = \vartheta_0 \cdot e^{-\psi(\varphi-1)\cdot x}, \tag{81}$$

$$\vartheta' = \vartheta'_0 \cdot e^{-\psi(\varphi-1)\cdot x}. \tag{82}$$

Auf Abb. 6 ist der Verlauf der Temperaturverhältniskurven ϑ, ϑ' in Abhängigkeit von $\mu = \psi\, x \cdot (\varphi - 1)$ dargestellt. Der Exponent μ kann auch noch geschrieben werden:

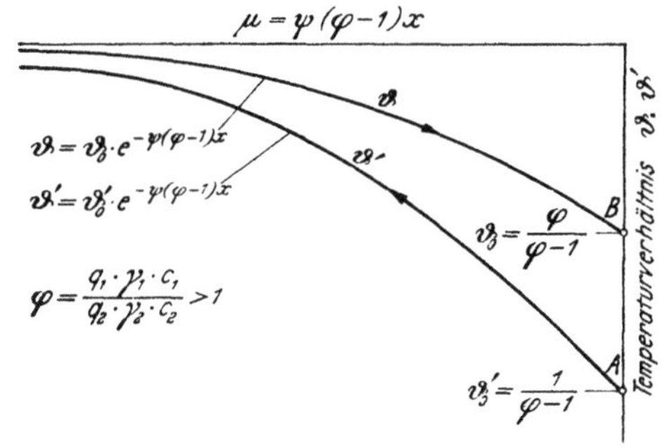

Abb. 6. Verlauf der Temperaturverhältnisse ϑ, ϑ' im Anwärmer.

$$\mu = \psi\, x\,(\varphi - 1) = \frac{\psi\, x}{\vartheta_0}.$$

Beim Wärmeaustauscher wird:

$$\vartheta = \frac{t_1 - t}{t_1 - t'_1} = \frac{k\,h\,x}{q\,\gamma\,c} = \psi\, x = \mu,$$

$$\vartheta' = \frac{t'_1 - t'}{t_1 - t'_1} = \frac{k\,h\,x}{q\,\gamma\,c} = \psi\, x = \mu.$$

Die Gleichungen der ϑ- und ϑ'-Kurven lauten demnach:

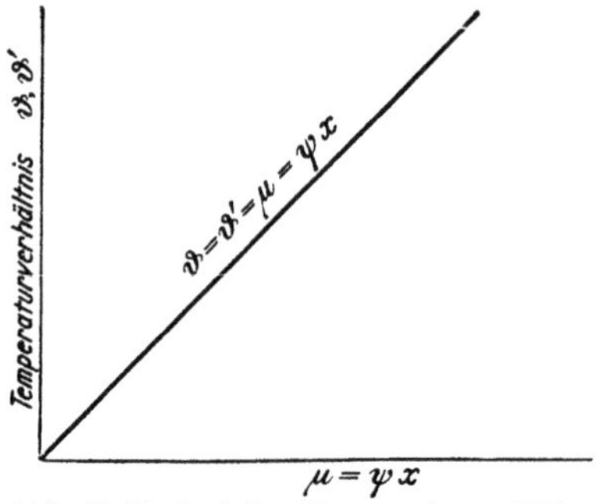

Abb. 7. Verlauf der Temperaturverhältnisse ϑ, ϑ' beim Wärmeaustauscher.

$$\vartheta = \psi x = \mu, \tag{83}$$

$$\vartheta' = \psi x = \mu, \tag{84}$$

mit $$\psi = \frac{k h}{q \gamma c}.$$

Auf Abb. 7 ist der Verlauf der Temperaturverhältniskurven ϑ, ϑ' in Abhängigkeit von $\mu = \psi x$ für den Wärmeaustauscher dargestellt. Die beiden Kurven fallen in die 45°-Gerade[1].

b) Der erste und der zweite Hauptsatz bei Ähnlichkeitsbetrachtungen.

1. Hauptsatz: Der erste Hauptsatz der Thermodynamik stellt die Anwendung des Grundsatzes von der Erhaltung der Energie auf Wärmeerscheinungen dar. Gleichzeitig jedoch umfaßt er alle Stoff- und Energiebilanzen. Die nach dem 1. Hauptsatz untersuchten Vorgänge können, wie in der Mechanik ohne Reibung, in der einen wie in der anderen Richtung verlaufen. Sie sind umkehrbar oder reversibel. Daher läßt sich der erste Hauptsatz auch stets durch das Hebelgesetz der Mechanik darstellen, das ja die Energien zweier Kräfte bei virtueller Verschiebung ihrer Angriffspunkte infolge Drehens des Hebels um seinen Momentenpunkt vergleicht.

Bei Ähnlichkeitsbetrachtungen müssen zur Wahrung der Einheitlichkeit der Bezeichnungen die Wärmeenergien (kcal) durch das mechanische Wärmeäquivalent der Arbeiten (mkg) ersetzt werden. Nach Abb. 8 läßt sich gemäß dem Hebelgesetz bei gleicher Richtung der Kräfte oder der Ströme der erste Hauptsatz ausdrücken als:

$$P_1 \cdot \overline{AC} = P_2 \cdot \overline{BC}.$$

Beim Vergleich modellähnlicher Energieübertragungen muß dann das dimensionslose Verhältnis der Kräfte $P_2 : P_1$ gleich dem dimensionslosen Verhältnis der Hebelarme sein, also:

$$\frac{P_2}{P_1} = \frac{\overline{AC}}{\overline{BC}}. \tag{85}$$

Dies ist der Fall bei Untersuchungen über Mischen von Stoffen und Energien.

Bei den meisten Apparaten und Verfahren wird heute der Gegenstrom angewendet. Die Stoff- und Energieübertragungen bei diesem können

[1] Matz, W.: Thermodynamische Ähnlichkeit bei Flüssigkeits-Wärmeaustauschern im Gegenstrom, Chem. Ing. Techn. Bd. 10 (1953) S. 581—586.

ebenfalls durch das Hebelgesetz der Mechanik ausgedrückt werden. Auf Abb. 8 greift im Punkt B die Kraft $(-P_2)$ in entgegengesetzter Richtung zu P_1 im Punkt A an. Der Momentenpunkt D zu diesen beiden Kräften $(+P_1)$ und $(-P_2)$ liegt außerhalb der Strecke AB auf der Seite der größeren Kraft $(-P_2)$. Für die Momente um Punkt D gilt:

$$(-P_2) \cdot \overline{BD} = P_1 \cdot \overline{AD}.$$

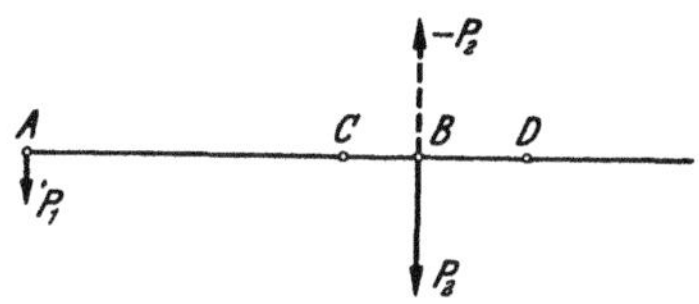

Abb. 8. Erster Hauptsatz als Hebelgesetz (für Gleich- und Gegenstrom).

Beim Vergleich modellähnlicher Energieübertragungen muß dann das dimensionslose Verhältnis der Kräfte $(-P_2):P_1$ gleich dem dimensionslosen Verhältnis der Hebelarme sein, also:

$$\frac{(-P_2)}{P_1} = \frac{\overline{AD}}{\overline{BD}}. \tag{86}$$

Betrachtet man nur die absoluten Beträge von P_1 und P_2, so gilt:

$$\frac{P_2}{P_1} = -\frac{\overline{AD}}{\overline{BD}}. \tag{87}$$

Durch Gleichsetzung von Gl. (85) und (87) findet man für Betrachtungen, die den Gleichstrom und Gegenstrom gleichzeitig ins Auge fassen:

$$\frac{\overline{AC}}{\overline{BC}} : \frac{\overline{AD}}{\overline{BD}} = -1 \tag{88}$$

oder in symbolischer Schreibweise:

$$(ABCD) = -1, \tag{88a}$$

das heißt: Die beiden Grundpunkte A und B (Angriffspunkte der Kräfte) werden durch die beiden Momentenpunkte C und D (für Gleich- und Gegenstrom) harmonisch getrennt. Diese Darstellungsmethode kann mit Erfolg angewandt werden bei allen technischen Verfahren mit 2 Phasenkurven im Diagramm wie bei Destillations-, Rektifikations- und Extraktionsaufgaben sowie bei Untersuchungen an Wärmeaustauschern[1].

2. Hauptsatz. Der zweite Hauptsatz der Thermodynamik kann nach CLAUSIUS in folgender Form ausgesprochen werden:

„Wärme kann nie von selbst von einem Körper niederer Temperatur auf einen Körper höherer Temperatur übergehen".

Mit anderen Worten heißt dies auch, daß es in der Thermodynamik nichtumkehrbare Vorgänge gibt. Das Maß dieser Nichtumkehrbarkeit

[1] MATZ, W.: Die Thermodynamik des Wärme- und Stoffaustausches in der Verfahrenstechnik, S. 79. Darmstadt: Steinkopff 1949.

ist die Vermehrung der Entropie. Man kann den Inhalt des zweiten Hauptsatzes dann auch in folgender Form aussprechen[1]:

„Die Summe der Entropien $\oint \frac{dQ}{T}$ aller an einem Vorgang beteiligten Körper nimmt stets zu, nur im Grenzfall der umkehrbaren Vorgänge bleibt sie ungeändert“[1].

Im Rahmen von Ähnlichkeitsbetrachtungen nimmt der zweite Hauptsatz gewisse typische Formen an, die kurz besprochen werden sollen. Aus der Darstellung des Verlaufes der Temperaturverhältnisse in Kühlern und Anwärmern auf Abb. 5 und 6 erkennt man, daß sich die Temperaturverhältnisse mit zunehmenden Werten x dem Grenztemperaturverhältnis $\vartheta = \vartheta' = 0$ nähern. Für den Kühler hatten die Temperaturverhältnisse ϑ und ϑ' die Bedeutung:

$$\frac{t - t_\infty}{t_1 - t_1'} = \vartheta, \tag{58}$$

$$\frac{t' - t_\infty}{t_1 - t_1'} = \vartheta'. \tag{59}$$

$\vartheta = \vartheta' = 0$ heißt, daß sich bei einem Wert $x = \infty$ sowohl die Temperatur t der heißen Flüssigkeit als auch die Temperatur t' der kalten Flüssigkeit der Grenztemperatur t_∞ nähern. Hier besteht dann zwischen der heißen und kalten Flüssigkeit kein Temperaturgefälle mehr, und es kann nach dem zweiten Hauptsatz von selbst keine Wärmemenge mehr übergehen.

Bei den Gegenstrom-Verfahren mit 2 Phasen treten der erste und der zweite Hauptsatz der Thermodynamik in Erscheinung. Hierbei werden für eine bestimmte Temperatur bei isobarischen Vorgängen oder für einen bestimmten Druck bei isothermischen Prozessen die in einer Stufe (in einem Querschnitt) auftretenden und die im Gleichgewicht stehenden beiden Phasen betrachtet. Damit nun gemäß dem zweiten Hauptsatz ein treibendes Gefälle den Wärme- oder Stofftransport bewirken kann, dürfen die die Stufe (den Querschnitt) im Diagramm darstellenden Geraden nicht mit den Gleichgewichtsgeraden zusammenfallen. Der zweite Hauptsatz findet also seinen Ausdruck darin, daß die Querschnittsgeraden die Gleichgewichtsgeraden unter einem solchen Winkel schneiden, daß noch Stoff- oder Wärmeübergang erfolgen kann. Ein Zusammenfallen der Geraden bedeutet das Ende des Austausches. Bei Anwendung des Ähnlichkeitsgrundsatzes drückt sich die Forderung des zweiten Hauptsatzes darin aus, daß die eine dimensionslose Kenngröße darstellenden Geraden der einen Art die Geraden der anderen Art schneiden müssen.

Die Forderung des zweiten Hauptsatzes, daß Wärme oder Stoff nur bei vorhandenem Temperatur-, Teildruck- oder Konzentrationsgefälle

---

[1] SCHMIDT, E.: Einführung in die technische Thermodynamik, 5. Aufl., S. 100. Berlin/Göttingen/Heidelberg: Springer 1953.

übergehen kann, hat zur Folge, daß der Temperatur-, Teildruck- oder Konzentrationsverlauf in einer Austauscherapparatur nach einer Exponentialfunktion (e-Funktion) oder einer ihr ähnlichen Kurve vonstatten geht. Diese Erkenntnis soll an dem oben besprochenen Kühler näher erörtert werden: Die stündlich von der heißen auf die kalte Flüssigkeit übergehende Wärmemenge ist einerseits proportional der Temperaturabnahme dT des heißen *Längsstromes* und andererseits entsprechend der Forderung des zweiten Hauptsatzes proportional dem Temperaturunterschied $(T - T')$ im *Wärme-Querstrom* zwischen heißer und kalter Flüssigkeit. Hiermit ergeben sich die beiden Gleichungen:

für die heiße Flüssigkeit: $q_1 \gamma_1 c_1 \, dT = - kh \, (T - T') \, dx,$

für die kalte Flüssigkeit: $q_2 \gamma_2 c_2 \, dT' = - kh \, (T - T') \, dx.$

Hieraus ergeben sich dann die dimensionslosen Ähnlichkeitskenngrößen:

$$\frac{dT}{T - T'} = - \frac{k\,h}{q_1 \gamma_1 c_1} \cdot dx, \tag{90a}$$

$$\frac{dT'}{T - T'} = - \frac{k\,h}{q_2 \gamma_2 c_2} \cdot dx. \tag{90b}$$

Zieht man Gl. (90b) von Gl. (90a) ab, so erhält man die Differentialgleichung:

$$\frac{d(T - T')}{T - T'} = d\,[\ln\,(T - T')] = - \,k\,h \cdot \left(\frac{1}{q_1 \gamma_1 c_1} - \frac{1}{q_2 \gamma_2 c_2}\right) \cdot dx.$$

Die Integration liefert:

$$T - T' = (T_1 - T_1') \cdot e^{-\,k\,h \left(\frac{1}{q_1 \gamma_1 c_1} - \frac{1}{q_2 \gamma_2 c_2}\right) x}. \tag{91}$$

Wenn die Wärmedurchgangszahl k wirklich konstant bleibt, so ist die Kurvenform eine reine mathematische e-Funktion. Verkleinert sich jedoch k auf dem Austauschwege, so ist die Gestalt nur eine der e-Funktion ähnliche Kurve.

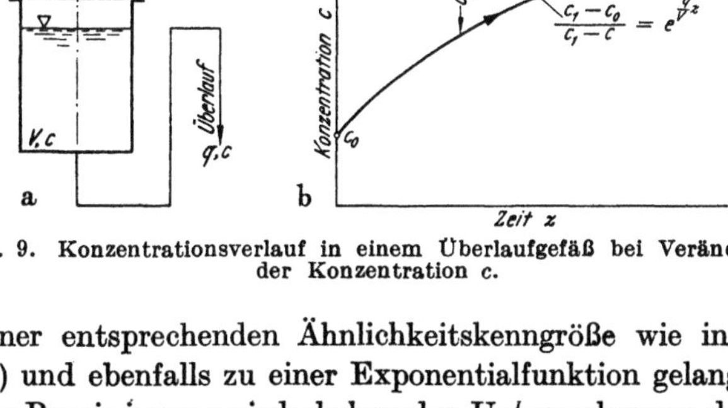

Abb. 9. Konzentrationsverlauf in einem Überlaufgefäß bei Veränderung der Konzentration c.

Zu einer entsprechenden Ähnlichkeitskenngröße wie in Gl. (90a) und (90b) und ebenfalls zu einer Exponentialfunktion gelangt man bei den in der Praxis immer wiederkehrenden Untersuchungen des Konzentrationsverlaufes in einem Überlaufgefäß nach Abb. 9. In das Überlaufgefäß mit V m³ Flüssigkeitsgemisch von der Konzentration c_0 kg/m³ laufen zunächst im Beharrungszustande stetig in der Stunde q m³/h Flüssigkeit von der Konzentration c_0 kg/m³ ein, und es laufen q m³/h von der Konzentration c_0 kg/m³ stündlich aus dem Gefäß aus. Plötzlich ändert sich die Zusammensetzung des Zulaufes von c_0 in c_1. Wichtig ist nun die Kenntnis über den weiteren zeitlichen Verlauf der Flüssigkeitszusammensetzung c im Gefäß und in der Überlaufleitung. Bei diesem Problem treten wieder die beiden Hauptsätze der Thermodynamik in Erscheinung. Der erste Hauptsatz findet seinen Ausdruck in einer Mengenbilanz des der Flüssigkeit beigemischten Stoffes (Zusammensetzung c). Nach dem zweiten Hauptsatz kann dieser Stoff nur vom Gemisch höherer Konzentration c_1 zum Gemisch niederer Konzentration c übergehen, bis das treibende Gefälle $(c_1 - c)$ zu Null wird. In ein mathematisches Gewand gekleidet lautet die Bilanzgleichung des 1. Hauptsatzes:

$$q\, c_1\, dz = q\, c\, dz + V\, dc.$$

z bedeutet hierin die Zeit in Stunden, gerechnet vom Einsetzen der Störung an. Man kann diese Gleichung etwas umgestalten und erhält:

$$q\, dz\, (c_1 - c) = V\, dc, \tag{92}$$

das heißt: Die durch das treibende Konzentrationsgefälle $(c_1 - c)$ überschießende elementare Gewichtsmenge des Stoffes ist gleich der elementaren Änderung der Gewichtsmenge im Behälter. Der Gedanke des 2. Hauptsatzes liegt in der Aussage über die Richtung des Stoffüberganges und darin, daß gemäß Gl. (92) der Stoffübergang mit $c_1 = c$ beendet ist. Nach Umgestaltung von Gl. (92) findet man:

$$\frac{dc}{c_1 - c} = \frac{q}{V}\, dz. \tag{93}$$

Diese Gleichung hat die dimensionslose Ähnlichkeitskenngröße $dc/(c_1 - c)$, die nur c-Werte enthält und auf der anderen Seite nur die Größen q, z und V. Die Integration von Gl. (93) ergibt:

$$\frac{c_1 - c_0}{c_1 - c} = e^{\frac{q}{V} \cdot z}. \tag{94}$$

Der Verlauf dieser Exponentialfunktion ist schematisch auf Abb. 9b dargestellt. Die reine Exponentialfunktion tritt wieder nur dann auf, wenn auch q während des gesamten Ausgleichvorganges konstant bleibt.

Aus den beiden erläuterten Beispielen des Wärme- und Stoffüberganges geht hervor, daß als Ausdruck des zweiten Hauptsatzes die dimensionslosen differentialen Ähnlichkeitskenngrößen $dT/(T - T')$, $dc/(c_1 - c)$ oder $dp/(p_1 - p)$ auftreten. Im Falle konstanter Exponentialkoeffizienten führt die Integration zwangsläufig auf die e-Funktion.

Sind diese Koeffizienten nicht konstant, so muß das Integral

$$\int \frac{dc}{c_1 - c} \tag{95}$$

auf zeichnerischem Wege bestimmt werden. Dies wird erforderlich bei den Aufgaben der Trocknung, der Rektifikation, Absorption und Extraktion. In Amerika wird diese Grundgröße als „Übergangseinheiten" für die Berechnung von Stoffaustauschsäulen mit Erfolg benutzt[1].

Bei den Wärmeübergangs- und Stoffübergangsaufgaben war festgestellt worden, daß gemäß dem 2. Hauptsatz Wärme und Stoff nur übergehen können, wenn ein Temperatur-, Teildruck- oder Konzentrationsgefälle besteht. Im Laufe der Zeit vermindert sich dieses Gefälle, und der Ausgleichsvorgang nähert sich bei $x = \infty$ der Gleichgewichtslage. Ganz ähnlich ist der Ablauf nun bei den chemischen Reaktionen. Diese können *von selbst* nur in der Richtung einer Annäherung des „Teildruckkoeffizienten" bei Gasen oder des „Massenwirkungskoeffizienten" bei festen und flüssigen Körpern an die „Gleichgewichtskonstante" verlaufen. Diese spielt als Grenzwert der chemischen Reaktionen eine ähnliche Rolle wie die durch Grenztemperatur, Grenzteildruck und Grenzkonzentration gekennzeichnete Gleichgewichtslage bei den rein thermodynamischen Vorgängen. Diese Zusammenhänge sollen kurz am Beispiel der Gasreaktion erläutert werden. Es möge folgende Gasreaktion gegeben sein[2]:

$$b \cdot B\,(g) + c \cdot C\,(g) = m \cdot M\,(g)\ \mathrm{Y}\!+ n \cdot N\,(g). \tag{96}$$

In Worten heißt dies: b Mole des Gases B reagieren mit c Molen des Gases C und bilden m Mole des Gases M und n Mole des Gases N. Man kann für diese Gasreaktion einen Teildruckkoeffizienten definieren, der sich auch thermodynamisch begründen läßt:

$$K_P = \frac{(P_M)^m \cdot (P_N)^n}{(P_B)^b \cdot (P_C)^c}\,. \tag{96a}$$

Hierin stellt der Zähler das Potenzprodukt der Teildrücke der *entstandenen* Gase M und N und der Nenner das Potenzprodukt der Teildrücke der *reagierenden* Gase B und C dar. Die Exponenten der Teildrücke sind die stöchiometrischen Molzahlen der gegebenen Gase. K_P gilt für eine beliebige Gasreaktion in beliebigen Zuständen. Entsprechen aber die Drücke P_M, P_N, P_B, P_C denen beim thermodynamischen Gleichgewicht, dann ist $(K_P)_g$ gleichbedeutend mit der Gleichgewichtskonstanten

$$K = (K_P)_g = \frac{(P_{Mg})^m \cdot (P_{Ng})^n}{(P_{Bg})^b \cdot (P_{Cg})^c}\,. \tag{97}$$

---

[1] Chilton, T. H., u. A. P. Colburn: Ind. Eng. Chem. Bd. 27 (1935). — A. P. Colburn: Trans. Am. Inst. Chem. Eng. Bd. 35 (1939) S. 211—236.

[2] Rossini, Frederick D.: Chemical Thermodynamics. S. 218. New York: John Wiley & Sons Inc. 1950.

Zwischen dieser Gleichgewichtskonstanten K und der Veränderung der freien Enthalpie G besteht nun eine einfache Beziehung. Die freie Enthalpie G, die bei vielen Prozessen unter konstantem Druck und konstanter Temperatur eine wichtige Rolle spielt, hat bekanntlich die Größe

$$G = J - T\,S = (U + APV) - TS. \tag{98}$$

Hierin bedeuten:

J Enthalpie in kcal,
T abs. Temperatur in °K,
S Entropie in kcal/°K,
U innere Energie in kcal,
P Druck in kg/m²,
V Volumen in m³.

Differenziert man die Gleichung $J = U + APV$, so wird:

$$dJ = dU + APdV + AVdP.$$

Nach dem allgemeinen Ausdruck für den zweiten Hauptsatz ist:

$$TdS \geqq dU + AdL$$

oder für umkehrbare Vorgänge:

$$dU = TdS - AdL.$$

Setzt man diesen Wert in die erste Gleichung ein, so wird:

$$dJ = TdS - AdL + APdV + AVdP.$$

Wenn bei konstanter Temperatur T die Arbeit in Gestalt mechanischer Arbeit auftritt, so wird $dL = PdV$ und es ist:

$$d(J - TS) = -APdV + APdV + AVdP = AVdP$$

oder

$$dG = AVdP. \tag{99}$$

Für das ideale Gas ist nun:

$$PV = RT.$$

Hiermit wird:

$$dG = ART \cdot \frac{dP}{P}$$

oder

$$dG = ART\, d\ln P. \tag{100}$$

Gl. (100) stellt die Veränderung der freien Enthalpie eines Idealgases mit dem Druck P bei konstanter Temperatur T vor. Integriert man zwischen den Zuständen bei den verschiedenen Drücken P_A und P_B, so erhält man:

$$\Delta G = G_B - G_A = ART \ln \frac{P_B}{P_A}. \tag{101}$$

Erfolgt die Gasreaktion der Gl. (96) bei konstanter Temperatur T, so findet man für die Änderung der freien Enthalpie G;

$$\Delta G = m\,G_M + n\,G_N - b\,G_B - c\,G_C.$$

Für zwei verschiedene Zustände s und g gilt alsdann:

$$(\Delta G)_s = m\,(G_M)_s + n\,(G_N)_s - b\,(G_B)_s - 2\,(G_C)_s$$

$$(\Delta G)_g = m\,(G_M)_g + n\,(G_N)_g - b\,(G_B)_g - c\,(G_C)_g$$

$$(\Delta G)_s - (\Delta G)_g = m\,[(G_M)_s - (G_m)_g] + n\,[(G_N)_s - (G_N)_g] \\ - b\,[(G_B)_s - (G_B)_g] - c\,[(G_C)_s - (G_C)_g]. \quad (102)$$

Für das Gas M findet man gemäß Gl. (101):

$$(G_M)_s - (G_M)_g = ART \cdot \ln \frac{(P_M)_s}{(P_M)_g}$$

und

$$m\,[(G_M)_s - (G_M)_g] = m\,ART \ln \frac{(P_M)_s}{(P_M)_g} = ART \ln \left(\frac{(P_M)_s}{(P_M)_g}\right)^m. \quad (103)$$

Ähnliche Gleichungen findet man für die anderen Gase und erhält somit aus Gl. (102):

$$(\Delta G)_s - (\Delta G)_g = ART \ln \left(\frac{(P_M)_s}{(P_M)_g}\right)^m + ART \ln \left(\frac{(P_N)_s}{(P_N)_g}\right)^n - \\ - ART \ln \left(\frac{(P_B)_s}{(P_B)_g}\right)^b - ART \ln \left(\frac{(P_C)_s}{(P_C)_g}\right)^c. \quad (104)$$

Man kann dies noch etwas umgruppieren und erhält:

$$(\Delta G)_s - (\Delta G)_g = ART \ln \frac{(P_M)_s^m \cdot (P_N)_s^n}{(P_B)_s^b \cdot (P_C)_s^c} - ART \ln \frac{(P_M)_g^m \cdot (P_N)_g^n}{(P_B)_g^b \cdot (P_C)_g^c} \quad (105)$$

oder:

$$(\Delta G)_s - (\Delta G)_g = ART \ln (K_P)_s - ART \ln (K_P)_g. \quad (106)$$

Hierzu ist noch zu bemerken, daß die Änderung der freien Enthalpie bei konstanter Temperatur und konstantem Druck im thermodynamischen Gleichgewicht gemäß Gl. (99) für $dP = 0$

$$dG = 0$$

wird. Das heißt, wenn sich der Index „g" in Gl. (106) auf den Gleichgewichtszustand bezieht, so wird

$$(\Delta G)_g = 0 \qquad (K_P)_g = K_0$$

und

$$(\Delta G)_s = ART \ln (K_P)_s - ART \ln K_0$$

oder

$$\frac{(\Delta G)_s}{ART} = \ln \frac{(K_P)_s}{K_0}. \quad (107)$$

Bezeichnet man zur Vereinfachung

$(\Delta G)_s = \Delta G$, $(K_P)_s = K$ veränderlich,

$ART \ln (K_P)_s = ART \ln K = x$ veränderlich,

$ART \ln K_0 = x_0$ konstant (Gleichgewicht),

so wird:

$$\Delta G = x - x_0,$$

$$\frac{\Delta G}{ART} = \ln \frac{K}{K_0} = \frac{x - x_0}{ART}. \tag{108}$$

Die Veränderung der freien Enthalpie der Gasreaktion $\Delta G = x - x_0$ ändert sich im Verlaufe der Reaktion von dem Anfangszustand $(x_1 - x_0)$ in den Endzustand $(x - x_0) = 0$. Wird die Zeit mit z bezeichnet, so kann die Veränderlichkeit von $(x - x_0)$ mit der Zeit dargestellt werden als:

$$(x - x_0) = (x_1 - x_0) \cdot e^{-Cz}$$

oder unter Beachtung von Gl. (108):

$$\ln \frac{K}{K_0} = \ln \frac{K_1}{K_0} \cdot e^{-Cz}. \tag{109}$$

Die Konstante C bedeutet hierbei ein Maß für die Schnelligkeit der Reaktion. Auf Abb. 10 ist der Reaktionsverlauf bei der Gasreaktion schematisch dargestellt. Als Abszisse ist die Zeit z in Stunden, als Ordinate $\Delta G/ART = \ln (K/K_0) = \varphi$ aufgetragen. Die Konstante C ist hierbei ein Maß für die Schnelligkeit der Reaktion. Man ersieht aus dem Diagramm, daß zu Beginn der natürliche Logarithmus des Teildruckkoeffizienten - Verhältnisses $K_1/K_0 > 0$ ist und sich im Verlaufe des Prozesses auf $\ln K/K_0 = 0$ vermindert. Dann ist aber der Teildruckkoeffizient K auf seinen niedrigsten Wert K_0 = Gleichgewichtskonstante herabgesunken. Die zu irgendeinem Punkte P der Kurve gehörige Subtangente $s = AB$ hat die Größe $s = 1/C$. Je kleiner s ist, also je größer C ist, desto schneller ist der Reaktionsverlauf. Der dimensionslose Exponent Cz stellt das Verhältnis von Querstrom zu Längsstrom dar.

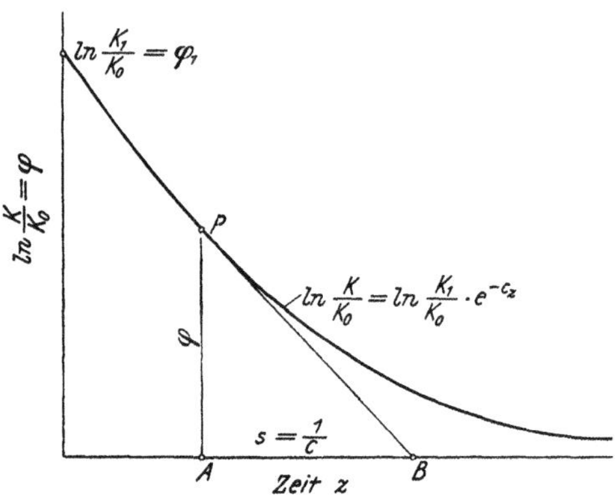

Abb. 10. Reaktionsverlauf bei der Gasreaktion.

Zusammenfassend kann gesagt werden, daß bei den Teildrücken $p_1, p_2, p_3, p_1', p_2', p_3'$ der einzelnen Gase und bei einem Gesamtdruck p:

$$p = p_1 + p_2 + p_3 + \ldots . p_1' + p_2' + p_3' + \ldots$$

die Gleichgewichtskonstante K_0 für die isothermische Gasreaktion lautet:

$$K_0 = \frac{p_1^{n_1} \cdot p_2^{n_2} \cdot p_3^{n_3} \ldots}{p_1'^{n_1'} \cdot p_2'^{n_2'} \cdot p_3'^{n_3'} \ldots}. \tag{110}$$

Gl. (110) heißt auch das „Massenwirkungsgesetz“. Man kann nun auch statt der Teildrücke die Konzentrationen einführen:

Es ist nämlich nach dem allgemeinen Gasgesetz:

$$p_1 = c_1\,RT$$
$$p_2 = c_2\,RT$$
$$\vdots \qquad \vdots$$
$$p_1' = c_1'\,RT.$$

Hiermit wird:

$$K = \frac{c_1^{n_1} \cdot c_2^{n_2} \cdot c_3^{n_3} \ldots}{c_1'^{n_1'} \cdot c_2'^{n_2'} \cdot c_3'^{n_3'} \ldots} \cdot (RT)^{n_1 + n_2 + \cdots - n_1' - n_2'}.$$

Bei gleicher Temperatur bleibt der Quotient unverändert, und es ist:

$$\text{Gleichgewichtskonstante: } K_0 = \frac{c_1^{n_1} \cdot c_2^{n_2} \cdot c_3^{n_3} \ldots}{c_1'^{n_1'} \cdot c_2'^{n_2'} \cdot c_3'^{n_3'} \ldots}. \qquad (111)$$

III. Beispiele aus der Verfahrenstechnik.

1. Statische Ähnlichkeit.

a) Modelle für Gebäude, Pritschen und Trägerroste.

Bei Planungen von Neuanlagen für die chemische Industrie und für verwandte Industrien der Verfahrenstechnik wird häufig nach Ermittlung der zur Durchführung der Verfahren erforderlichen Apparategrößen ein Modell der Gebäude-Neuanlage mit ihren Pritschen und Trägerrosten angefertigt. Es handelt sich hier, wenn man zunächst, wie allgemein in der Praxis, von den durch die Apparate verursachten Erschütterungen ganz absieht, um eine rein statische Ähnlichkeit. Die maßgebenden Dimensionen sind hierbei die Längen (cm) und die Kräfte (kg). Gefragt wird darnach, in welcher Größe sich bei einem gewählten Längenmaßstab die Kräfte, Spannungen, Dehnungen, Biegungsmomente, Durchbiegungen usw. übertragen. Die hier bestehenden Maßstabsbeziehungen lassen sich am einfachsten aus dem Zugversuch am Probestab ableiten. Eine auf einen Probestab vom Querschnitt F wirkende Kraft P verursacht bekanntlich eine Zugspannung oder Druckspannung:

$$\sigma = \frac{P}{F}.$$

Bezeichnet man die Größen für die Hauptausführung mit 1, für die Modellausführung mit 2, so ist:

$$\sigma_1 = \frac{P_1}{F_1}; \quad \sigma_2 = \frac{P_2}{F_2}$$

oder
$$\frac{\sigma_1}{\sigma_2} = \frac{P_1}{F_1} \cdot \frac{F_2}{P_2}.$$

Mit Benutzung des HOOKEschen Gesetzes $\sigma = \varepsilon \cdot E$ lautet diese Beziehung:
$$\frac{\varepsilon_1 E_1}{\varepsilon_2 E_2} = \frac{P_1}{F_1} \cdot \frac{F_2}{P_2}.$$

Nun wird für das Modell das Längenverkleinerungsverhältnis $l_2 = \frac{l_1}{\lambda}$ oder $\lambda = l_1 : l_2$ vorgeschrieben. Hierdurch ist das Flächenverkleinerungsverhältnis $F_1 : F_2 = \lambda^2$. Da $\varepsilon = \Delta l : l$ ist, so muß $\varepsilon_1 = \varepsilon_2$ sein. Denn es gilt sowohl $\lambda = (\Delta l)_1 : (\Delta l)_2$ als auch $\lambda = l_1 : l_2$. Somit wird:
$$\frac{\varepsilon_1}{\varepsilon_2} = \frac{\frac{(\Delta l)_1}{l_1}}{\frac{(\Delta l)_2}{l_2}} = \frac{(\Delta l)_1}{(\Delta l)_2} \cdot \frac{l_2}{l_1} = \lambda \cdot \frac{1}{\lambda} = 1 \qquad \text{und} \qquad \varepsilon_1 = \varepsilon_2.$$

Aus obiger Gleichung folgt dann die HOOKEsche Größe, die in Gl. (1) abgeleitet wurde:
$$\frac{P_1}{E_1 l_1^2} = \frac{P_2}{E_2 l_2^2} = \frac{P}{E\, l^2} = P \cdot E^{-1} l^{-2}. \tag{1}$$

Mit $P_1 : P_2 = \varkappa$, $l_1 : l_2 = \lambda$ und $E_1 : E_2 = \psi$ findet man als Maßstabsgesetz für statische Ähnlichkeit:
$$\frac{P_1}{P_2} \cdot \frac{1}{\frac{E_1}{E_2}} \cdot \frac{1}{\left(\frac{l_1}{l_2}\right)^2} = 1$$
$$\frac{\varkappa}{\psi} \cdot \frac{1}{\lambda^2} = 1$$
oder
$$\varkappa = \psi\, \lambda^2.$$

Sind für Modell- und Hauptausführung die Elastizitätsmoduln gleich, so wird $\psi = 1$, und es gilt die Beziehung:
$$\varkappa = \lambda^2. \tag{112}$$

Will man also das Modell für eine Neuanlage in einem Verkleinerungsmaßstabe $\lambda = 50$ ausführen, so werden bei vollkommener Ähnlichkeit zwangsläufig die Kräfte im Verhältnis $\varkappa = 50^2 = 2500$ verkleinert, während die Spannungen σ wegen $\varkappa : \lambda^2 = 2500 : 2500 = 1$ im Modell genau so groß wie in der Hauptausführung sind. Würde man die Gefäße in demselben Maßstab $\lambda = 50$ verkleinern, so würde sich das Gewicht des mit Flüssigkeit gefüllten Behälters nicht im Verhältnis $1:2500$ verkleinern, weil sich ja der Gefäßinhalt mit der dritten Potenz von λ ändert. Es ist nämlich für zwei zylindrische Gefäße mit den Durchmessern D_1, D_2 und den Höhen H_1, H_2:

$$\gamma \cdot D_1^2 \cdot \frac{\pi}{4} \cdot H_1 = V_1 \cdot \gamma = G_1$$

$$\gamma \cdot D_2^2 \cdot \frac{\pi}{4} \cdot H_2 = V_2 \cdot \gamma = G_2$$

$$\varkappa_1 = \frac{G_1}{G_2} = \frac{D_1^2 \cdot H_1}{D_2^2 \cdot H_2} = \lambda^3.$$

Die Gewichte verhalten sich also nicht wie $\varkappa = \lambda^2$, Gl. (112), sondern wie $\varkappa_1 = \lambda^3$. Dies gilt natürlich auch für die Eigengewichte. Hat beispielsweise ein zylindrisches Gefäß mit Boden den Durchmesser D_1, die Höhe H_1, die Wandstärke δ_1, so gilt bei einem spezifischen Gewicht γ (kg/m³) für das Eigengewicht der Hauptausführung:

$$G_1 = \left(D_1 \pi\, H_1 + D_1^2 \frac{\pi}{4}\right) \cdot \delta_1 \cdot \gamma$$

für das Eigengewicht der Modellausführung

$$G_2 = \left(D_2 \pi\, H_2 + D_2^2 \frac{\pi}{4}\right) \cdot \delta_2 \cdot \gamma.$$

Bei einem Längenmaßstabverhältnis λ zwischen Hauptausführung und Modellausführung ist:

$$D_1 = \lambda\, D_2;\; H_1 = \lambda\, H_2;\; \delta_1 = \lambda\, \delta_2.$$

Die Ausdrücke für die Gewichte G_1 und G_2 können demnach geschrieben werden:

$$G_1 = \left(D_1 \pi\, H_1 + D_1^2 \frac{\pi}{4}\right) \cdot \delta_1 \cdot \gamma = \lambda^3 \left(D_2 \pi\, H_2 + D_2^2 \frac{\pi}{4}\right) \cdot \delta_2 \cdot \gamma,$$

$$G_2 = \left(D_2 \cdot \pi\, H_2 + D_2^2 \frac{\pi}{4}\right) \cdot \delta_2 \cdot \gamma$$

und

$$\varkappa = \frac{G_1}{G_2} = \frac{\lambda^3 \left(D_2 \pi\, H_2 + D_2^2 \frac{\pi}{4}\right) \cdot \delta_2 \cdot \gamma}{\left(D_2 \pi\, H_2 + D_2^2 \frac{\pi}{4}\right) \cdot \delta_2 \cdot \gamma} = \lambda^3.$$

Die im Verhältnis des Längenmaßstabes λ verkleinerten Modellgefäße sind also λ mal leichter als das Gesetz der vollständigen Ähnlichkeit $\varkappa = \lambda^2$ vorschreibt. Zur Erfüllung des Ähnlichkeitsgesetzes müßten an den Gefäßen Zusatzgewichte G_z angebracht werden. Die Größe dieser Gewichte ergibt sich aus der Bedingung:

$$G_2 = \frac{G_1}{\lambda^3} + G_z = \frac{G_1}{\lambda^2}.$$

Hieraus findet man:

$$G_z = G_1 \cdot \frac{\lambda - 1}{\lambda^3}. \tag{113}$$

Als Zahlenbeispiel soll ein stählernes zylindrisches Gefäß mit $D_1 =$ 1800 mm $\varnothing$, $H_1 = 1800$ mm, Wandstärke $\delta_1 = 10$ mm betrachtet werden. Bei einem Maßstab $\lambda = 25$ müßten die Kräfte im Verhältnis $\varkappa = \lambda^2 = 25^2 = 625$ am Modell verkleinert werden. Das Modellgefäß erhält die Abmessungen:

$$D_2 = 72\,\text{mm}\ \varnothing,\quad H_2 = 72\,\text{mm},\quad \delta_2 = 0{,}4\,\text{mm}.$$

Das Eigengewicht des großen Behälters wird:

$$G_1 = \left(D_1 \pi H_1 + D_1^2 \frac{\pi}{4}\right) \cdot \delta_1 \cdot \gamma = \left(1{,}8\pi \cdot 1{,}8 + 1{,}8^2 \frac{\pi}{4}\right) \cdot 0{,}01 \cdot 7850 = 1000\,\text{kg}.$$

Der Inhalt an Wasser ist:

$$G_1' = D_1^2 \cdot \frac{\pi}{4} H_1 \cdot 1000 = 2{,}54 \cdot 1{,}8 \cdot 1000 = 4570\,\text{kg}.$$

Für das Modellgefäß findet man:

$$G_2 = \left(D_2 \pi H_2 + D_2^2 \frac{\pi}{4}\right) \cdot \delta_2 \cdot \gamma = \left(0{,}072\pi \cdot 0{,}072 + 0{,}072^2 \cdot \frac{\pi}{4}\right) \cdot 0{,}004 \cdot 7850 = 0{,}064 = \frac{1000}{25^3}\,\text{kg},$$

$$G_2' = D_2^2 \cdot \frac{\pi}{4} \cdot H_2 \cdot 1000 = 0{,}072^2 \cdot \frac{\pi}{4} \cdot 0{,}072 \cdot 1000 = 0{,}294\,\text{kg} = \frac{4570}{25^3}\,\text{kg}.$$

Die Zusatzbelastung am Modell muß sein:

$$G_z = G_1 \cdot \frac{\lambda - 1}{\lambda^3} = \frac{1000 \cdot 24}{25^3} = 1{,}54\,\text{kg für Eigengewicht},$$

$$G_z' = G_1' \cdot \frac{\lambda - 1}{\lambda^3} = \frac{4570 \cdot 24}{25^3} = 7{,}05\,\text{kg für Wasserinhalt}.$$

Das Eigengewicht des Modellgefäßes wird somit:

$$G_m = G_2 + G_z = 0{,}064 + 1{,}54 = 1{,}604 = \frac{1000}{25^2} = \frac{G_1}{\lambda^2}.$$

Das Wassergewicht des Modellinhaltes wird:

$$G_m' = G_2' + G_z' = 0{,}294 + 7{,}05 = 7{,}344 = \frac{4570}{25^2} = \frac{G_1'}{\lambda^2}.$$

Die Biegungsmomente von Hauptausführung (M_1) und Modell (M_2) verhalten sich wie:

$$\frac{M_1}{M_2} = \varkappa \cdot \lambda = \lambda^2 \cdot \lambda = \lambda^3.$$

Die Durchbiegungen f_1 und f_2 verhalten sich wie:

$$\frac{f_1}{f_2} = \lambda.$$

Die Winkelneigungen $\operatorname{tg}\beta$ sind bei Hauptausführung und Modell die gleichen.

Zur Vermeidung der meist mühsamen Rechnungen bei der Bestimmung statisch unbestimmter Größen für mehrfach gelagerte Träger und Wellen können einfache Messungen an einem Modell mit bequem gewählten Verkleinerungsmaßstab λ ausgeführt werden.

Als ein weiteres Beispiel soll für die Hauptausführung ein in der Mitte durch eine Einzellast $P = 2612$ kg belasteter frei gelagerter Träger vom I. N. P. 30 und von 10 m Länge behandelt werden. Die Längenmaße des Modelles sollen $1/\lambda = 1/10$ der Längenmaße der Hauptausführung betragen. Zunächst soll das Eigengewicht unberücksichtigt bleiben.

Auf Abb. 11 sind die beiden Ausführungen, links im Großen, rechts im Kleinen, schematisch dargestellt. Die Längen, also auch die Durchbiegungen, stehen im Verhältnis $1/\lambda = 1/10$, die Kräfte stehen im Verhältnis $1/\varkappa = 1/\lambda^2 = 1/100$. Die Neigung der elastischen Linie tg β

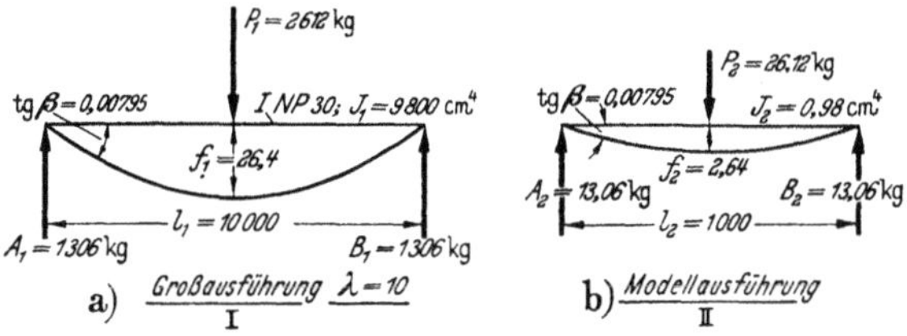

Abb. 11. Modellähnlichkeit beim Träger (ohne Eigengewicht).

ist in beiden Ausführungsformen gleich. Stellt man sich einen Modellträger von 1 m Länge und einem I. N. P., dessen Längenmaße genau 1/10 der Längenmaße des I. N. P. 30 betragen, vor und belastet man das Modell mit $^1/_{100}\, P_1 = 26{,}12$ kg, so erhält man vollkommen ähnlichkeitsgerechte Verhältnisse. Beispielsweise ist die Durchbiegung f_2 in der Mitte des Modellträgers:

$$f_2 = \frac{P_2\, l_2^3}{48\, E\, J_2} = \frac{26{,}12 \cdot 100^3}{48 \cdot 2{,}1 \cdot 10^6 \cdot 0{,}98} = 0{,}264 \text{ cm} = 2{,}64 \text{ mm}.$$

Hat man also am Modell die Durchbiegung 2,64 mm gemessen, so muß die Durchbiegung am Träger der Hauptausführung $f_1 = 10 \cdot 2{,}64$ mm $= 26{,}4$ mm betragen. Man überzeugt sich durch die Kontrollrechnung für f_1:

$$f_1 = \frac{P_1\, l_1^3}{48\, E\, J_1} = \frac{2612 \cdot 1000^3}{48 \cdot 2{,}1 \cdot 10^6 \cdot 9800} = 2{,}64 \text{ cm} = 26{,}40 \text{ mm}.$$

Dieses Vorgehen ist aber nur bei Vernachlässigung des Eigengewichtes richtig, wenn dieses nämlich im Vergleich zur Last P_1 sehr klein ist. Im vorliegenden Falle des 10 m langen Trägers von I. N. P. 30 beträgt aber das Eigengewicht $G = 10 \cdot 54{,}2 = 542$ kg, also immerhin $\frac{542 \cdot 100}{2612} =$ 20,8 % der Traglast $P_1 = 2612$ kg. Das Eigengewicht darf demnach nicht vernachlässigt werden. Wie oben bei den Gefäßen verhalten sich auch hier die Eigengewichte von Hauptausführung zu Modellausführung nicht wie $\varkappa = \lambda^2$, sondern wie $\varkappa = \lambda^3$. Bezeichnet man nämlich die Querschnitte mit f_1 und f_2, die Längen mit l_1 und l_2 und das spezifische Gewicht mit γ, so erhält man für die Eigengewichte:

$$(G_e)_1 = f_1 \cdot l_1 \cdot \gamma,$$
$$(G_e)_2 = f_2 \cdot l_2 \cdot \gamma$$

und für das Verhältnis der Gewichte:

$$\frac{(G_e)_1}{(G_e)_2} = \frac{f_1\, l_1}{f_2\, l_2} = \lambda^2 \cdot \lambda = \lambda^3.$$

Das heißt aber: Die Eigengewichte werden bei Benutzung des Kräftemaßstabes $\varkappa = \lambda^2$ im Modell viel zu wenig (λfach) berücksichtigt. Um ein wirklichkeitsgetreues Abbild der Hauptausführung im Modell zu erhalten, um eine vollkommene Ähnlichkeit zu bekommen, muß man am Modell Zusatzbelastungen für das Eigengewicht anbringen.

In dem obigen Trägerbeispiel ist für I. N. P. 30 der Querschnitt $f_1 = 69{,}1\ \text{cm}^2$ und bei $\lambda = 10$ ist der Querschnitt des Modellträgers $f_2 = 0{,}691\ \text{cm}^2$. Somit werden die Eigengewichte:

für den großen Träger I. N. P. 30:

$$(G_e)_1 = 69{,}1 \cdot 1000 \cdot 7{,}85\ g = 69{,}1 \cdot 7{,}85\ \text{kg} = 542\ \text{kg},$$
$$(G_e)_1 = 542\ \text{kg} = 0{,}542 \cdot 1000 = p_1 \cdot l_1,$$
$$p_1 = 0{,}542\ \text{kg/cm}, \quad l_1 = 1000\ \text{cm},$$

für den kleinen Modellträger wird:

$$(G_e)_2 = 0{,}691 \cdot 100 \cdot 7{,}85\ g = 0{,}0691 \cdot 7{,}85\ \text{kg} = 0{,}542\ \text{kg}$$
$$(G_e)_2 = 0{,}542\ \text{kg} = 0{,}00542 \cdot 100 = p_2\, l_2,$$
$$p_2 = 0{,}00542\ \text{kg/cm}, \quad l_2 = 100\ \text{cm},$$
$$\varkappa' = \frac{(G_e)_1}{(G_e)_2} = \frac{542}{0{,}542} = 1000 = 10^3 = \lambda^3 = \frac{p_1\, l_1}{p_2\, l_2}.$$

Da

$$\varkappa' = \frac{(G_e)_1}{(G_e)_2} = \lambda^3$$

nicht das verlangte Gesetz des Kräftemaßstabes $\varkappa = \lambda^2$ erfüllt, so muß auch hier eine Zusatzbelastung $(G_e)_z$ am Modell angebracht werden, so daß

$$\varkappa = \frac{(G_e)_1}{(G_e)_1 + (G_e)_z} = \lambda^2 \text{ wird.}$$

Durch Division der beiden Gleichungen für $\varkappa'$ und $\varkappa$ findet man:

$$\frac{(G_e)_2 + (G_e)_z}{(G_e)_2} = \lambda.$$

Hieraus folgt alsdann:

$$(G_e)_z = (G_e)_2\,(\lambda - 1) = p_2\,l_2\,(\lambda - 1).$$

Beachtet man noch, daß $(G_e)_2 = \frac{(G_e)_1}{\lambda^3} = \frac{p_1\,l_1}{\lambda^3}$ ist, so findet man schließlich:

$$(G_e)_z = p_2\,l_2\,(\lambda - 1) = p_1\,l_1\,\frac{\lambda - 1}{\lambda^3}. \qquad (114)$$

Setzt man die Zahlenwerte $p_2 l_2 = 0{,}542$ und $\lambda = 10$ ein, so erhält man:

$$(G_e)_z = 0{,}542 \cdot 9 = 4{,}878\ \text{kg}.$$

Diese 4,878 kg müssen am Modell gleichmäßig über die Länge $l_2 = 100$ cm verteilt werden. Der Querschnitt des 1 m langen Zusatzstabes von kreisförmigem Querschnitt wird:

$$f = \frac{4{,}878}{1 \cdot 7850} = 0{,}000622\ \text{m}^2 = 6{,}22\ \text{cm}^2,$$

$$d = 2{,}82\ \text{cm}\ \varnothing.$$

Man überzeugt sich schnell durch eine einfache Zahlennachrechnung von der Richtigkeit der Eigengewichtskorrektur:

$$\varkappa = \frac{(G_e)_1}{(G_e)_2 + (G_e)_z} = \frac{542}{0{,}542 + 4{,}878} = \frac{542}{5{,}420} = 100 = 10^2 = \lambda^2.$$

Man erkennt aus Formeln (113) und (114), daß nur für $\lambda = 1$ die Zusatzbelastung $(G_e)_z$ zu Null wird und daß sie um so größer wird, je größer λ ist.

Durch den Kunstgriff der Zusatzbelastung als Eigengewichtskorrektur kann somit die zunächst als unvollkommen erscheinende statische Ähnlichkeit der Baukonstruktionen in eine vollkommene verwandelt werden.

b) Modelle für Transmissionswellen und Getriebe.

Bei Transmissionswellen und Getrieben treten Biegungsmomente, Drehmomente und Spannungen auf. Als wesentlich neues Element, verglichen mit den Baukonstruktionen, kommt bei Wellen und Getrieben das Drehmoment hinzu. Die zulässigen Drehmomente $M = P \cdot r$ bei einer zulässigen Verdrehungsspannung τ und bei einem Wellendurchmesser d sind für zwei modellähnliche Ausführungen durch die Formeln gegeben:

$$M_1 = P_1 \cdot r_1 = \frac{\pi}{16}\,d_1^3\,\tau,$$

$$M_2 = P_2 \cdot r_2 = \frac{\pi}{16}\,d_2^3\,\tau.$$

Hieraus folgt:
$$\frac{M_1}{M_2} = \frac{P_1}{P_2} \cdot \frac{r_1}{r_2} = \left(\frac{d_1}{d_2}\right)^3$$
und
$$\varkappa \cdot \lambda = \lambda^3$$
$$\varkappa = \lambda^2.$$

Das Maßstabsgesetz für die statische Ähnlichkeit wird also auch beim Drehmoment eingehalten. Müssen die Eigengewichte der Wellen bei der Biegungsbeanspruchung berücksichtigt werden, so müssen auch hier zur Aufrechterhaltung der vollkommenen Ähnlichkeit Zusatz-Korrektur-Gewichte angebracht werden.

Für die Übertragung einer Leistung von N PS bei n Uml./min. wird bekanntlich zur Ermittlung des Drehmomentes M die Formel angewendet:
$$M = 716 \cdot \frac{N}{n}.$$

Versieht man die Größen der Hauptausführung mit dem Index 1, die der Modellausführung mit dem Index 2, so findet man als Gesetz der Drehmomente:
$$\frac{\left(\frac{N_1}{n_1}\right)}{\left(\frac{N_2}{n_2}\right)} = \frac{\left(\frac{M_1}{716}\right)}{\left(\frac{M_2}{716}\right)} = \frac{P_1 \cdot r_1}{P_2 \cdot r_2} = \varkappa \cdot \lambda = \lambda^2 \cdot \lambda = \lambda^3,$$
das heißt: Bei gleichen Drehzahlen $n_1 = n_2$ verhalten sich die Leistungen N_1 zu N_2 wie die dritte Potenz des Längenvergrößerungsmaßstabes λ. Die Verdrehungsspannungen sind bei Modell und Hauptausführung wegen $\varkappa/\lambda^2 = \lambda^2/\lambda^2 = 1$ dieselben. Der Verdrehungswinkel ψ, der Winkel im Bogenmaß, um den sich zwei Querschnitte im Abstand l_1 für die Hauptausführung und im Abstand $l_2 = l_1/\lambda$ für die Modellausführung verdrehen, ist der gleiche.

Als Zahlenbeispiel für die Verdrehung von Wellen sollen die Beziehungen zwischen Haupt- und Modellausführung einer gegebenen Getriebewelle betrachtet werden. Es mögen 100 PS bei 40 Uml/min. durch die Welle der Hauptausführung mit 180 mm Durchmesser übertragen werden. Der Längen-Vergrößerungsmaßstab betrage $\lambda = 10$.

Die Modellwelle erhält einen Durchmesser $d_2 = d_1/\lambda = 180/10 = 18$ mm. Bei gleicher Drehzahl $n_1 = n_2 = 40$ Uml/min. wird modellähnlich durch die 18-mm-Welle übertragen $N_2 = N_1/\lambda^3 = 100/1000 = 0{,}1$ PS. Die Verdrehungsbeanspruchung τ ist bei beiden Ausführungen die gleiche, die Drehmomente $M_1 : M_2$ verhalten sich wie 1000:1. Die Drehmomente errechnen sich aus:
$$M_1 = 716 \cdot \frac{N_1}{n_1} = 716 \cdot \frac{100}{40} = 1790 \text{ m kg} = 179000 \text{ cm kg},$$
$$M_2 = 716 \cdot \frac{N_2}{n_2} = 716 \cdot \frac{0{,}1}{40} = 1{,}79 \text{ m kg} = 179 \text{ cm kg} = {}^1/_{1000}\, M_1.$$

Die Verdrehungsbeanspruchungen findet man:

$$\tau_1 = \frac{16}{\pi} \cdot \frac{M_1}{d_1^3} = \frac{16 \cdot 179000}{\pi \cdot 5832} = 157 \text{ kg/cm}^2,$$

$$\tau_2 = \frac{16}{\pi} \cdot \frac{M_2}{d_2^3} = \frac{16 \cdot 179}{\pi \cdot 5{,}832} = 157 \text{ kg/cm}^2 = \tau_1.$$

c) Modellähnlichkeit bei Druckgefäßen.

Bei Festigkeitsuntersuchungen von Druckgefäßen kann häufig mit Erfolg das Verfahren der Modellähnlichkeit benutzt werden. Das Vorgehen soll für die Last- und Wärmespannungen an dick- und dünnwandigen hohlzylindrischen Gefäßen gezeigt werden. Betrachtet man zunächst nur die Spannungen am dickwandigen Zylinder durch äußeren oder inneren Überdruck allein, so gilt nach FÖPPL[1] mit r (cm) als Kreishalbmesser und mit ϱ (cm) als Zunahme der radialen Verschiebung an der Stelle r für inneren und äußeren Überdruck die Differentialgleichung:

$$\frac{d^2\varrho}{dr^2} + \frac{1}{r} \cdot \frac{d\varrho}{dr} - \frac{\varrho}{r^2} = 0. \tag{115}$$

Unter Beachtung der Randbedingungen, daß für $r = r_i$ die innere Meridionalspannung $\sigma_{ri} = -p_i =$ Innendruck, für $r = r_a$ die äußere Meridionalspannung $\sigma_{ra} = -p_a =$ Außendruck ist, findet man für die

$$\text{tang. innere Ringspannung } \sigma_{ti} = \frac{p_i(1+\varphi^2)}{1-\varphi^2} - 2 \cdot \frac{p_a}{1-\varphi^2} \tag{116}$$

$$\text{tang. äußere Ringspannung } \sigma_{ta} = \frac{2 p_i \varphi^2}{1-\varphi^2} - p_a \cdot \frac{1+\varphi^2}{1-\varphi^2}. \tag{117}$$

Hierin bedeutet $\varphi = d_i/d_a =$ Verhältnis von Innen- zu Außendurchmesser. Für vorliegende Zwecke der Ähnlichkeitsbetrachtung formt man die beiden Gl. (116) und (117) um in Gleichungen dimensionsloser Kenngrößen:

$$\frac{\sigma_{ti}}{p_i} = \frac{1+\varphi^2}{1-\varphi^2} - \frac{2}{1-\varphi^2} \cdot \frac{p_a}{p_i}, \tag{116a}$$

$$\frac{\sigma_{ta}}{p_i} = \frac{2\varphi^2}{1-\varphi^2} - \frac{1+\varphi^2}{1-\varphi^2} \cdot \frac{p_a}{p_i}. \tag{117a}$$

Man kann die Spannungen σ_{ta} und σ_{ti} auch auf den Außendruck p_a beziehen. Dann erhält man:

$$\frac{\sigma_{ti}}{p_a} = \frac{1+\varphi^2}{1-\varphi^2} \cdot \frac{p_i}{p_a} - \frac{2}{1-\varphi^2}, \tag{116b}$$

$$\frac{\sigma_{ta}}{p_a} = \frac{2\varphi^2}{1-\varphi^2} \cdot \frac{p_i}{p_a} - \frac{1+\varphi^2}{1-\varphi^2}. \tag{117b}$$

[1] FÖPPL, A., u. L. FÖPPL: Drang und Zwang II, München u. Berlin 1928, S. 140.

Aus Gl. (116a) und (117a) erhält man für $p_a = 0$:

$$\left.\begin{aligned} \frac{\sigma_{ti}}{p_i} &= \frac{1+\varphi^2}{1-\varphi^2} \\ \frac{\sigma_{ta}}{p_i} &= \frac{2\varphi^2}{1-\varphi^2} \end{aligned}\right\} \text{für } p_a = 0 \qquad (118\text{a})$$

Ebenso findet man für $p_i = 0$:

$$\left.\begin{aligned} \frac{\sigma_{ti}}{p_a} &= -\frac{2}{1-\varphi^2} \\ \frac{\sigma_{ta}}{p_a} &= -\frac{1+\varphi^2}{1-\varphi^2} \end{aligned}\right\} \text{für } p_i = 0. \qquad (119\text{a})$$

In diesen Gleichungen sind σ_{ti}/p_i, σ_{ta}/p_i, σ_{ti}/p_a und σ_{ta}/p_a dimensionslose Spannungskenngrößen, die das Verhältnis der Werkstoffspannung zum Innendruck bzw. Außendruck kennzeichnen. Die rechten Seiten von Gl. (118) und (119) sind Gestaltskenngrößen, die nur von $\varphi = d_i/d_a$ abhängen. Für alle geometrisch ähnlichen Gefäße mit gleichem φ sind auch die Spannungskenngrößen die gleichen. Geometrisch ähnliche Gefäße mit gleichen Innendruck p_i bzw. gleichem Außendruck p_a haben die gleichen inneren und äußeren Ringspannungen. Überdies folgt auch schon aus dem Maßstabsgesetz der statischen Ähnlichkeit $\varkappa = \lambda^2$, daß $\varkappa/\lambda^2 = 1$ ist und somit die Spannungen bei Modell- und Hauptausführungen die gleichen sein müssen. Die obigen Gleichungen gelten für dick- und dünnwandige Gefäße. Für dünnwandige Gefäße kann man jedoch die obigen Formeln stark vereinfachen dadurch, daß man für $\varphi = d_i/(d_i + 2\delta)$ mit δ als Wandstärke einsetzt, die Glieder $(2\delta/d_i)^2$ wegen ihrer kleinen Größe fortläßt und $2\delta/d_i$ gegen 1 vernachlässigt. Auf diese Weise erhält man für dünnwandige zylindrische Gefäße:

$$\left.\begin{aligned} \frac{\sigma_{ti}}{p_i} &= \frac{d_i}{2\delta} \\ \frac{\sigma_{ta}}{p_i} &= \frac{d_i}{2\delta} \end{aligned}\right\} \text{für } p_a = 0, \qquad (118\text{b})$$

$$\left.\begin{aligned} \frac{\sigma_{ti}}{p_a} &= -\frac{d_i}{2\delta} \\ \frac{\sigma_{ta}}{p_a} &= -\frac{d_i}{2\delta} \end{aligned}\right\} \text{für } p_i = 0. \qquad (119\text{b})$$

Als Zahlenbeispiel für dickwandige Gefäße soll zu einem Gefäß von 2000 mm ∅, das einen inneren Höchstdruck von 60 atü aushalten soll und dessen stählerne Wand höchstens mit 1200 kg/cm² beansprucht werden darf, ein Modellgefäß in einem geeigneten Maßstab gefunden werden.

Lösung: Da die größte Spannung in der Innenfaser auftritt, weil $\sigma_{ti} - \sigma_{ta} = p_i$ ist, so ist Formel (118a) für σ_{ti} zu benutzen:

$$\frac{\sigma_{ti}}{p_i} = \frac{1+\varphi^2}{1-\varphi^2} = \frac{1200}{60} = 20.$$

Hieraus findet man φ^2 und φ zu

$$\varphi^2 = \frac{19}{21} = 0{,}9047,$$

$$\varphi = 0{,}951 = d_i/d_a,$$

$$d_a = \frac{d_i}{0{,}951} = \frac{2000}{0{,}951} = 2103.$$

Wandstärke $\delta = 51{,}5$ mm ~ 50 mm.

Das Modellgefäß könnte im Längenmaßstab $\lambda = 10$ verkleinert werden. Dann wird:

$$(d_i)_2 = 200 \text{ mm},$$

$$(d_a)_2 = 210 \text{ mm},$$

$$\delta_2 = 5 \text{ mm}.$$

Das Verhältnis der Spannungen σ_{ti}/p_i ist dann das gleiche. Wird der Versuch im Modellmaßstab mit $p_i = 60$ atü durchgeführt, dann wird $\sigma_{ti} = 1200$ kg/cm². Man kann jedoch den Versuch auch unter geringeren Drücken durchführen. Wählt man $p_i = 6$ atü, dann mißt man am Modell $\sigma_{ti} = 120$ kg/cm².

Für die Wärmespannungen, die durch die Temperaturunterschiede zwischen Innen- und Außenzylinder zustande kommen, erhält man nach FÖPPL, Drang und Zwang, aus der Differentialgleichung:

$$\frac{\partial^2 \varrho}{\partial r^2} + \frac{1}{r} \cdot \frac{\partial \varrho}{\partial r} - \frac{\varrho}{r^2} = K,$$

mit

$$K = -\frac{m+1}{m-1} \cdot \alpha \cdot \frac{t_i - t_a}{r_a - r_i}.$$

Hierin bedeuten:

r_a Radius des Außenkreises in cm,
r_i „ „ Innenkreises in cm,
ϱ radiale Dehnung,
m POISSONsche Zahl,
α Wärmedehnzahl in grad^{-1},
t_i Innentemperatur in °C,
t_a Außentemperatur in °C,

$$\left.\begin{aligned} \sigma_{ti} &= \frac{E\, m\, \alpha\, (t_i - t_a)}{3\,(m-1)} \cdot \left(\frac{\varphi}{1-\varphi} - \frac{2}{1-\varphi^2}\right) \\ \sigma_{ta} &= \frac{E\, m\, \alpha\, (t_i - t_a)}{3\,(m-1)} \cdot \left(\frac{1}{1-\varphi} - \frac{2\,\varphi^2}{1-\varphi^2}\right) \end{aligned}\right\} \quad (120\text{a})$$

Hier findet man sogleich dimensionslose Ähnlichkeitskennziffern durch Divison mit

$$E\, \alpha\, (t_i - t_a).$$

Man erhält:

$$\left.\begin{aligned} \frac{\sigma_{ti}}{E\, \alpha\, (t_i - t_a)} &= \frac{m}{3\,(m-1)} \cdot \left(\frac{\varphi}{1-\varphi} - \frac{2}{1-\varphi^2}\right) \\ \frac{\sigma_{ta}}{E\, \alpha\, (t_i - t_a)} &= \frac{m}{3\,(m-1)} \cdot \left(\frac{1}{1-\varphi} - \frac{2\,\varphi^2}{1-\varphi^2}\right) \end{aligned}\right\} \quad (120\text{b})$$

$E\alpha(t_i - t_a)$ ist die durch die Wärmedehnung $\varepsilon_w = \alpha(t_i - t_a)$ nach dem HOOKEschen Gesetz $\sigma = \varepsilon \cdot E$ hervorgerufene Wärmespannung. Die linken Seiten von Gl. (120b) stellen somit ebenfalls wie beim Innendruck bzw. Außendruck dimensionslose Spannungskenngrößen vor. Die rechten Seiten enthalten hier das Produkt von zwei dimensionslosen Kenngrößen, einer etwa zu benennenden „POISSONschen Kenngröße" $m/3(m-1)$ und einer Gestaltskenngröße, die nur von $\varphi = d_i/d_a$ abhängig ist.

Für dünnwandige Gefäße unter Temperaturspannung allein wird $\varphi = 1$ und:

$$\frac{\varphi}{1-\varphi} - \frac{2}{1-\varphi^2} = \frac{\varphi+\varphi^2-2}{1-\varphi^2} = \frac{-(1-\varphi)-(1-\varphi^2)}{1-\varphi^2} = -\frac{1}{1+\varphi} - 1$$

$$= -\frac{1}{2} - 1 = -\frac{3}{2},$$

$$\frac{1}{1-\varphi} - \frac{2\varphi^2}{1-\varphi^2} = \frac{1+\varphi-2\varphi^2}{1-\varphi^2} = \frac{(1-\varphi^2)+\varphi(1-\varphi)}{1-\varphi^2} = 1 + \frac{\varphi}{1+\varphi}$$

$$= 1 + \frac{1}{2} = +\frac{3}{2}.$$

Setzt man diese Werte in Gl. (120b) ein, so erhält man die von der Wandstärke δ unabhängigen Kenngrößen der Temperaturspannungen:

$$\left.\begin{aligned} \frac{\sigma_{ti}}{E\alpha(t_i - t_a)} &= -\frac{m}{2(m-1)} \\ \frac{\sigma_{ta}}{E\alpha(t_i - t_a)} &= +\frac{m}{2(m-1)}. \end{aligned}\right\} \qquad (121)$$

Die Temperaturspannungs-Kenngröße ist demnach nur eine Werkstoffkonstante und ist für alle dünnwandigen Gefäße aller Durchmesser gleich, wenn sie nur aus dem gleichen Werkstoff mit gleichem m hergestellt sind. Für $m = 3^1/_3$ (Stahl) wird die Kenngröße

$$\frac{\sigma_{ti}}{E\alpha(t_i - t_a)} = -\frac{5}{7} \quad \text{und} \quad \frac{\sigma_{ta}}{E\alpha(t_i - t_a)} = +\frac{5}{7}.$$

2. Dynamische Ähnlichkeit.

a) Der Rührer in der chemischen Industrie.

In dem Abschn. II über Theorie der Ähnlichkeit war in Gl. (56) als Beispiel der dynamischen Ähnlichkeit die Formel

$$N = c \cdot \varrho \cdot h\, d^4 \cdot n^3 \qquad (56)$$

für den Leistungsverbrauch des Blattrührers entwickelt worden. Es war auch gezeigt worden, daß

$$c = \frac{N}{\varrho\, h\, d^4\, n^3}$$

die NEWTONsche Kenngröße der Trägheit darstellt und abhängig ist von der FROUDEschen Zahl w^2/dg, von der REYNOLDSschen Zahl dw/ν und von den geometrischen Kenngrößen h/d, H/d und D/d. Hier ist keine vollkommene Ähnlichkeit bei gleichen Stoffen möglich, da zu gleicher Zeit das REYNOLDSsche und das FROUDEsche Modellgesetz zu erfüllen sind.

In Gl. (55) war folgende symbolische Gleichung mit 6 dimensionslosen Kenngrößen abgeleitet worden:

$$f\left(\frac{h}{d}, \frac{H}{d}, \frac{D}{d}, \frac{\varrho\, d^5 \omega^3}{N}, \frac{\gamma\, d^4 \omega}{N}, \frac{\nu}{d^2 \omega}\right) = 0. \tag{55}$$

$\gamma\, d^4\, \omega/N$ ist hierin der Kehrwert der FROUDEschen Zahl. Um das FROUDEsche Gesetz in eienr anderen, besser geigneten Kenngröße auszudrücken, soll der obige FROUDEsche Kehrwert mit der reziproken NEWTONschen Kenngröße $N/\varrho\, d^5\, \omega^3$ multipliziert werden.

$$\frac{\gamma\, d^4 \omega}{N} \cdot \frac{N}{\varrho\, d^5 \omega^3} = \frac{\gamma}{\varrho\, d \omega^2} = \frac{g}{d \omega^2} = \left(\frac{30}{\pi}\right) \cdot \frac{g}{d n^2}. \tag{122}$$

Die FROUDEsche Zahl ist dann:

$$Fr = \left(\frac{\pi}{30}\right)^2 \cdot \frac{d n^2}{g}. \tag{122a}$$

Die FROUDEsche Zahl stellt, wie oben bereits erwähnt, das Verhältnis der Trägheitskraft zur Schwerkraft dar. Fußend auf dieser Erklärung kann man leicht Gl. (122a) als Verhältniszahl hinschreiben. Die Trägheitskraft der Drehbewegung ist die Zentrifugalkraft:

$$T = 2 \cdot \varrho \frac{d}{2}\, \omega^2 = \varrho\, d\, \omega^2.$$

Die Schwerkraft ist:

$$S = \varrho \cdot g.$$

Durch Division ergibt sich:

$$Fr = \frac{\text{Trägheitskraft}}{\text{Schwerkraft}} = \frac{\varrho\, d \omega^2}{\varrho \cdot g} = \frac{d \omega^2}{g} = \left(\frac{\pi}{30}\right)^2 \cdot \frac{d n^2}{g}.$$

$\frac{\nu}{d^2 \omega}$ in Gl. (55) ist der Kehrwert der REYNOLDSschen Zahl. Diese Zahl selbst wird:

$$Re = \frac{d^2 \omega}{\nu} = \left(\frac{\pi}{30}\right) \cdot \frac{d^2 n}{\nu}. \tag{123}$$

Bedenkt man, daß h/d, H/d und D/d für Modell und Hauptausführung dann gleiche Zahlen sind, wenn Gefäße und Rührblätter ähnlich sind, so kann man unter Fortlassung der selbstverständlichen geometrischen Kenngrößen die physikalische Gl. (55) durch die NEWTONsche, FROUDEsche und REYNOLDSsche Kenngröße darstellen als:

$$c = \frac{N}{\varrho h d^4 n^3} = f \cdot \left(\frac{dn^2}{g}, \frac{d^2 n}{\nu} \right). \tag{124}$$

Wenn Zähigkeitskräfte, Schwerekräfte und Trägheitskräfte von gleicher Größenordnung sind, kann bei gleichen Flüssigkeiten für Hauptausführung und Modell keine vollkommene Ähnlichkeit erwartet werden. Dies erhellt aus den nun folgenden Überlegungen:

Zur Erfüllung des FROUDEschen Gesetzes müßte für zwei Ausführungen 1 und 2 nach Gl. (124) sein:

$$\frac{d_1 n_1^2}{g} = \frac{d_2 n_2^2}{g},$$

$$\left(\frac{d_1}{d_2}\right) = \left(\frac{n_2}{n_1}\right)^2$$

oder

$$\lambda = \tau^2.$$

Zur Erfüllung des REYNOLDSschen Gesetzes müßte für zwei Ausführungen 1 und 2 nach Gl. (124) sein:

$$\frac{d_1^2 n_1}{\nu} = \frac{d_2^2 n_2}{\nu},$$

$$\left(\frac{d_1}{d_2}\right)^2 = \frac{n_2}{n_1},$$

$$\lambda^2 = \tau.$$

Der Modell-Zeitmaßstab τ müßte also das eine Mal $\tau = \lambda^2$, das andere Mal $\tau = \sqrt{\lambda}$ sein, was unmöglich ist. Wäre z. B. das Längenvergrößerungsverhältnis zwischen Modell und Hauptausführung $\lambda = 10$ und wäre die minütliche Drehzahl des Rührers der Hauptausführung $n_1 = 30$, so müßte nach dem FROUDEschen Gesetz die Umlaufzahl des Modellrührers $n_2 = n_1 \cdot \tau = n_1 \cdot \sqrt{\lambda} = 30 \cdot \sqrt{10} = 30 \cdot 3{,}16 = 95$ Uml/min betragen, nach dem REYNOLDSschen Gesetz aber $n_2 = n_1 \cdot \tau = n_1 \cdot \lambda^2 = 30 \cdot 10^2 = 3000$ Uml/min. Würde man trotzdem das Modell nur mit 95 Uml/min laufen lassen, so würde es bei Verwendung der gleichen Flüssigkeit durch eine viel kleinere REYNOLDSsche Zahl gekennzeichnet sein als die der Hauptausführung. Das Modell würde also einer Hauptausführung mit viel zäherer Flüssigkeit entsprechen. Diese grundsätzliche Schwierigkeit tritt im allgemeinen nur dann hindernd in den Weg, wenn Zähigkeits-, Trägheits- und Schwerekräfte in gleicher Größenordnung erscheinen. Kann aber die Zähigkeit im Vergleich zur Schwerkraft oder auch die Schwerkraft im Vergleich zur Zähigkeit vernachlässigt werden, wie es häufig der Fall ist, dann kann die gestellte Modellaufgabe mit großer Annäherung als Aufgabe der vollkommenen Ähnlichkeit betrachtet werden.

In Abb. 12 sind nun die NEWTONschen Widerstandsbeiwerte $c_1 = N/\varrho\, h\, d^4\, n^3$ in Abhängigkeit der FROUDEschen Zahl $c_2 = dn^2/g$ nach Versuchen HAILERS[1] aufgetragen. Dieser untersuchte an kleinen Rührgefäßen von 240 mm ∅ bis 475 mm ∅ bei verschiedenen Füllhöhen und verschiedenen Werten h/d für den Blattrührer unter Verwendung einer 9,5 gew. proz. Lösung von Salzwasser die Abhängigkeit des chemisch-technologischen Rührerfolges von Rührerform, Leistungsbedarf und Drehzahl. Da es sich hier um eine 9,5 gew.-proz. Salzwasserlösung von geringer Zähigkeit (hoher REYNOLDSscher Zahl)

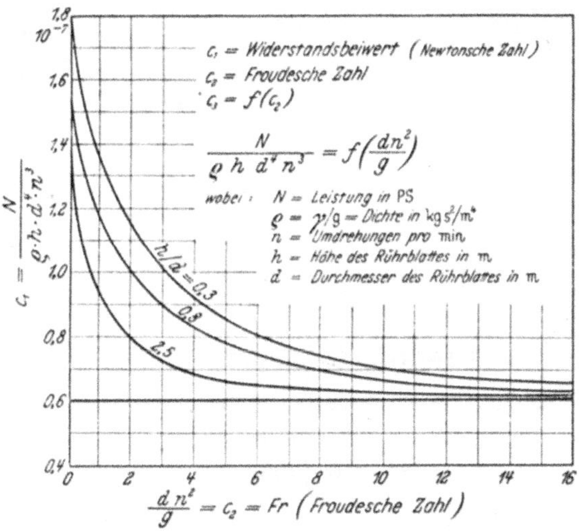

Abb. 12. Dynamische Ähnlichkeit beim Blattrührer (aus Versuchen Dr. HAILERS, Ludwigshafen 1931).

handelt, konnte unter Vernachlässigung der Zähigkeitskräfte die Abhängigkeit der Trägheitskraft (NEWTONsche Größe) von der Schwerkraft (FROUDEsche Größe) festgestellt werden. Da nun die kennzeichnende FROUDEsche Zahl das Verhältnis von Trägheitskräften zu Schwerkräften ist, so überwiegen bei kleinen Zahlen die Schwerkräfte, bei großen Zahlen die Trägheitskräfte. In Abb. 12 nähert sich bei genügend großen *Fr* der Widerstandsbeiwert dem kleinen Wert $c_1 = 0{,}6$, bei sehr kleinen *Fr* hingegen wird c_1 erheblich größer als 0,6. Ferner erhöht sich der Wert c_1 mit abnehmendem h/d. Hiernach verbrauchen niedrige Rührer in einem flachen Gefäß mehr Antriebsenergie als hohe Rührer in hohen Gefäßen. Handelt es sich um eine Rühraufgabe mit geringem Einfluß der Schwerkraft (keine Schwingungen der Flüssigkeit), aber starkem Einfluß der Zähigkeitskraft, so kann man die Wider-

[1] HAILER: Rührerversuche, Ludwigshafen 1931, nicht veröffentl.

standsbeiwerte c_1 in Abhängigkeit von der REYNOLDSschen Zahl darstellen. Dies ist auf Abb. 13 nach BÜCHE[1] geschehen.

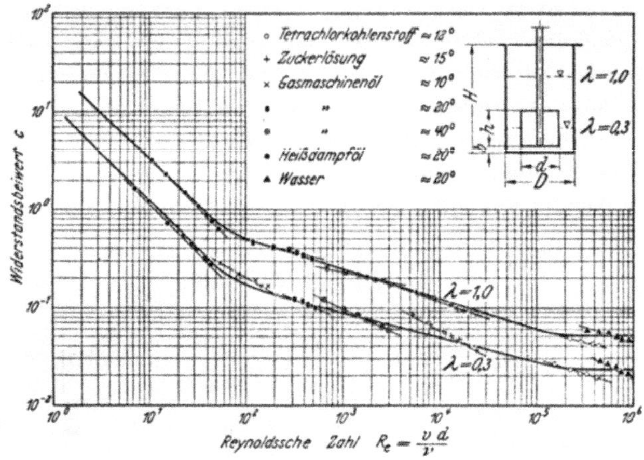

Abb. 13. Widerstandsbeiwert c des Blattrührers in glattem Gefäß für zwei verschiedene Füllhöhen als Funktion der REYNOLDSschen Zahl. Blattabmessung $d/h = 17/15$, Füllhöhe $= H/D$, freie Höhe unter dem Rührer $b = 0{,}1\ D$ (nach VDI-Zeitschrift 1937, S. 1068).

b) Flüssigkeitsströmungen in Rohrleitungen.

Betrachtungen über Modellähnlichkeit bei Flüssigkeitsströmungen in Rohrleitungen gehören ebenfalls in das Gebiet der dynamischen Ähnlichkeit. Hier spielen die folgenden Größen eine wichtige Rolle:

Druckverlust	$.\Delta p$ in [kg m^{-2}]
Länge der Rohrleitung	$.l$ in [m]
Durchmesser der Rohrleitung . .	$.d$ in [m]
Dichte der Flüssigkeit	$.\varrho = \gamma/g$ in [kg s^{2}m^{-4}]
Geschwindigkeit der Flüssigkeit .	$.w =$ in [m s^{-1}]
kinematische Zähigkeit	$.\nu = \eta/\varrho$ in [m^2 s^{-1}].

Es besteht demnach eine physikalische Gleichung zwischen diesen 6 Maßgrößen, die symbolisch angeschrieben werden kann als:

$$f(\Delta p, l, d, \varrho, w, \nu) = 0. \tag{125}$$

Als die 3 Bestimmungsgrößen der Aufgabe mögen l [m], w [m/s] und Δp [kg/m^2] gewählt werden. Man erhält somit 3 dimensionslose Kenngrößen mit den Leitwerten d, ϱ und ν.

$$K_1 = d \cdot l^{x_1} \cdot w^{y_1} (\Delta p)^{z_1},$$
$$K_2 = \varrho \cdot l^{x_2} \cdot w^{y_2} (\Delta p)^{z_2},$$
$$K_3 = \nu \cdot l^{x_3} \cdot w^{y_3} (\Delta p)^{z_3}.$$

[1] BÜCHE, W.: Leistungsbedarf von Rührwerken, Z. VDI 1937, S. 1065—69.

Berechnung von K_1.

$$K_1 = [\mathrm{m} \cdot \mathrm{m}^{x_1} \cdot \mathrm{m}^{y_1} \cdot \mathrm{s}^{-y_1} \cdot \mathrm{kg}^{z_1} \cdot \mathrm{m}^{-2z_1}]$$

m) $0 = 1 + x_1 + y_1 - 2\,z_1$,

s) $0 = -\,y_1$,

kg) $0 = z_1$.

Hieraus folgt zunächst $y_1 = 0$ und $z_1 = 0$ und aus der ersten Gleichung:

$$0 = 1 + x_1 + 0 - 0 = 1 + x_1,$$

$$x_1 = -\,1.$$

Somit wird:

$$K_1 = d \cdot l^{-1} = \frac{d}{l}. \tag{126}$$

Berechnung von K_2.

$$K_2 = [\mathrm{kg\,s^2\,m^{-4}} \cdot \mathrm{m}^{x_2}\,\mathrm{m}^{y_2}\,\mathrm{s}^{-y_2} \cdot \mathrm{kg}^{z_2} \cdot \mathrm{m}^{-2z_2}]$$

m) $0 = -4 + x_2 + y_2 - 2\,z_2$,

s) $0 = 2 - y_2$,

kg) $0 = 1 + z_2$.

Hieraus errechnet man $y_2 = 2$, $z_2 = -1$, $x_2 = 0$.

Somit wird:

$$K_2 = \varrho \cdot w^2 \cdot (\varDelta p)^{-1}. \tag{127}$$

Berechnung von K_3.

$$K_3 = [\mathrm{m^2\,s^{-1}\,m}^{x_3}\,\mathrm{m}^{y_3}\,\mathrm{s}^{-y_3} \cdot \mathrm{kg}^{z_3}\,\mathrm{m}^{-2z_3}]$$

m) $0 = 2 + x_3 + y_3 - 2\,z_3$,

s) $0 = -1 - y_3$,

kg) $0 = z_3$.

Hieraus ergibt sich $z_3 = 0$, $y_3 = -1$, $x_3 = -1$.

$$K_3 = \nu \cdot l^{-1}\,w^{-1} = \frac{\nu}{l\,w} = \frac{1}{l\,w/\nu} = \frac{1}{Re}. \tag{128}$$

Bildet man aus Gl. (127) und Gl. (126) den Wert K_2/K_1, so erhält man:

$$\frac{K_2}{K_1} = \varrho \cdot \frac{l}{d} \cdot w^2 \cdot (\varDelta p)^{-1}.$$

Nach $\varDelta p$ aufgelöst, findet man:

$$\varDelta p = \left(\frac{K_1}{K_2}\right) \cdot \varrho \cdot \frac{l}{d}\,w^2$$

oder mit $K_1/K_2 = \zeta/2$:

$$\Delta p = \frac{\zeta}{2} \cdot \varrho \cdot w^2 \cdot \frac{l}{d}. \tag{129}$$

Diese Gleichung ist die bekannte Druckverlustgleichung für strömende Flüssigkeiten in Rohren. Die dimensionslose Größe ζ ist nichts anderes als die NEWTONsche Ähnlichkeitskenngröße nach Gl. (23), die bei zwei bezüglich der Trägheitskraft ähnlichen Vorgängen gleich ist:

$$Ne = \frac{P\,t^2}{l^4\,\varrho}. \tag{23}$$

Dies kann man leicht erkennen, wenn man Gl. (129) nach ζ auflöst:

$$\zeta = \frac{2\,\Delta p\, d}{\varrho\, w^2 \cdot l}. \tag{129a}$$

Multipliziert man Zähler und Nenner mit der Länge l, so stellt $2\,\Delta p\, d\, l$ den doppelten Gesamtdruck auf die Fläche $l\,d$ dar und soll mit P bezeichnet werden. Dann wird:

$$\zeta = \frac{P}{\varrho\, w^2\, l^2}.$$

Beachtet man noch, daß die Geschwindigkeit w den Quotienten von Länge und Zeit $w = l/t$ darstellt, so wird:

$$\zeta = \frac{P\,t^2}{\varrho\, l^4} = Ne.$$

Für Flüssigkeiten verschiedener Zähigkeit (ν) hat ζ verschiedene Werte, d. h. ζ ist eine Funktion der REYNOLDSschen Zahl Re:

$$\zeta = f\left(\frac{l\,w}{\nu}\right).$$

Man kann aus Gl. (129a) auch die Gleichung für die Maßstabsbeziehung leicht ableiten und erhält mit $\delta = \varrho_1 : \varrho_2$ die Gl. (22):

$$\delta = \frac{\varkappa\,\tau^2}{\lambda^4}. \tag{22}$$

Für gleiche Flüssigkeiten in Modell- und Hauptausführung ist $\delta = \varrho_1 : \varrho_2 = 1$ und somit

$$\lambda^4 = \varkappa\,\tau^2.$$

Soll für beide Ausführungen die REYNOLDSsche Zahl gelten, so muß sein:

$$Re = \frac{w_1\, l_1}{\nu_1} = \frac{w_2\, l_2}{\nu_2}$$

oder

$$\frac{w_1}{w_2} \cdot \frac{l_1}{l_2} \cdot \frac{\nu_2}{\nu_1} = 1.$$

Mit $\frac{w_1}{w_2} = \frac{\lambda}{\tau}$, $\frac{l_1}{l_2} = \lambda$ und $\frac{\nu_1}{\nu_2} = \psi$ wird:

$$\lambda^2 = \tau\,\psi. \tag{130}$$

Aus den beiden Gln. (22) und (130) folgt:

$$\left.\begin{aligned} \varkappa &= \delta\,\psi^2, \\ \tau &= \lambda^2/\psi, \\ \frac{\varkappa}{\lambda^2} &= \frac{\delta\psi^2}{\lambda^2} = \frac{(\varDelta p)_1}{(\varDelta p)_2}, \\ \frac{\lambda}{\tau} &= \frac{\psi}{\lambda} = \frac{w_1}{w_2}. \end{aligned}\right\} \tag{131}$$

Als Zahlenbeispiel soll gegeben sein für die Großausführung:

$$\begin{aligned} d_1 &= 100\ \text{mm}\ \varnothing = 0{,}1\ \text{m}, \\ l_1 &= 200\ \text{m} \\ \nu_1 &= 1\cdot 10^{-6}\ \text{m}^2/\text{s}, \\ w_1 &= 0{,}7\ \text{m/s}, \\ \varrho_1 &= 102\ \text{kg s}^2/\text{m}^4, \end{aligned}$$

REYNOLDSsche Zahl $\zeta = 0{,}02$.

Der Vergrößerungsmaßstab vom Modell zur Hauptausführung:

$$\lambda = 10.$$

Durch die Modelleitung soll dieselbe Flüssigkeit (Wasser mit $\varrho = 102$ [kg s²/m⁴] und $\nu = 1\cdot 10^{-6}$ [m²/s] fließen. Dann wird $\varrho_1 = \varrho_2$ und $\delta = 1$ sowie $\nu_1 = \nu_2$ und $\psi = 1$. Gl. (131) lauten hiermit:

$$\begin{aligned} \varkappa &= 1 \\ \tau &= \lambda^2 \\ \frac{(\varDelta p)_1}{(\varDelta p)_2} &= \frac{K}{\lambda^2} = \frac{1}{\lambda^2} \\ \frac{w_1}{w_2} &= \frac{\lambda}{\tau} = \frac{1}{\lambda}. \end{aligned}$$

Die Modelleitung muß demnach haben:

Durchmesser	$d_2 = 0{,}01\ \text{m} = 10\ \text{mm}\ \varnothing$,
Länge	$l_2 = 20\ \text{m}$,
Geschwindigkeit	$w_2 = 7\ \text{m/s}$,

$$\varDelta p_2 = \lambda^2\cdot\varDelta p_1 = 100\,\varDelta p_1.$$

Der Druckverlust für die Hauptausführung wird nach Gl. (129):

$$(\varDelta p)_1 = 0{,}01\cdot 102\ 0{,}7^2\cdot\frac{200}{0{,}1} = 1000\ \text{kg/m}^2 = 0{,}1\ \text{at}.$$

Die REYNOLDSsche Zahl wird:

$$(Re)_1 = \frac{w_1\, d_1}{\nu_1} = \frac{0{,}7 \cdot 0{,}1}{10^{-6}} = 70\,000.$$

Der Druckverlust für die Modellausführung wird nach Gl. (129):

$$(\Delta p)_2 = 0{,}01 \cdot 102 \cdot 49 \frac{20}{0{,}01} = 100\,000\ \mathrm{kg/m^2} = 10\ \mathrm{at} = 100\ \Delta p_1.$$

Die REYNOLDSsche Zahl wird:

$$(Re)_2 = \frac{w_2\, d_2}{\nu_2} = \frac{7 \cdot 0{,}01}{1 \cdot 10^{-6}} = 70\,000 = (Re)_1.$$

Entsprechend der $\lambda = 10$fachen Geschwindigkeit muß der Druckverlust das $\lambda^2 = 100$fache betragen.

c) Ähnlichkeitsbetrachtungen an der Kugelmühle.

Ein wichtiges Beispiel der Anwendung des Ähnlichkeitsgrundsatzes in der Verfahrenstechnik bildet die Kugelmühle. Im folgenden sollen deshalb die mit zwei Versuchsmühlen von BACHMANN[1] ausgeführten Modellversuche erörtert werden. Der Verfasser dieses Buches hat die Ergebnisse zu einer Ähnlichkeitstheorie der Kugelmühle benutzt. Die Mühle bestand aus einer mit 3-mm-Glaskugeln gefüllten Trommel, die durch Transmissionsantrieb mit verschiedenen Drehzahlen rotieren konnte. Die Trommel war zur Hälfte mit Kugeln gefüllt und trug an der vorderen Stirnseite eine Glasscheibe, so daß die Bewegung der Kugeln mit bloßem Auge beobachtet und auch photographisch auf dem Bilde festgehalten werden konnte. Der eine Trommeldurchmesser war 148 mm, der andere 295 mm. Das Modell zeigte, daß die mit Kugeln ohne Wasser halbgefüllte Trommel um einen gewissen Winkel $\varphi_0 = 25°$, Schüttwinkel, gedreht werden konnte, ehe überhaupt eine Veränderung in dem Kugelhaufen zu erkennen war. War dieser Winkel erreicht, so begannen zunächst in der oberen und dann in den folgenden tieferen Kugelreihen die Kugeln auf Grund ihres durch Drehen in der Trommel erreichten Potentialgefälles zurückzuwandern. Wurde die Drehzahl erhöht, so nahm die schnell herabfallende Kugelmenge zu. In Abb. 14 ist schematisch diese Bewegungsart angedeutet. Der gesamte Kugelhaufen teilt sich in zwei durch eine Spiralkurve voneinander getrennte Teile. Alle Kugeln unterhalb dieser Kurve führen eine Bewegung aus, die ihnen durch die Trommel aufgezwungen ist, entsprechend ihrem Ort r mit der Geschwindigkeit $v = r\,\omega$. Diese Kugeln sind bezüglich der Trommelwand in Ruhe. Die Kugeln oberhalb der Spirale führen eine durch die Erdbeschleunigung und die gegenseitige Reibung gegebene Fallbewegung aus. Die oberste Kugelreihe bewegt sich hierbei am

[1] BACHMANN, D.: Versuche an der Kugelmühle, 1937, nicht veröffentl.

schnellsten, nach der Spirale zu nimmt die Geschwindigkeit infolge der Reibung der einzelnen Reihen und der geringer werdenden Fallhöhe ab. Im Kugelhaufen befindet sich auf der Spirale ein Wirbelzentrum W mit dem Radiusvektor r_s und dem Ausschlagwinkel φ als Polarkoordinaten in bezug auf den Trommelmittelpunkt 0. Jeder Drehzahl entspricht eine ganz bestimmte Lage des Wirbelzentrums. Bei einer Erhöhung der Drehzahl verlagert sich der Pol in der Drehrichtung. Die einzelnen Kugeln beschreiben um dieses Wirbelzentrum mit verschie-

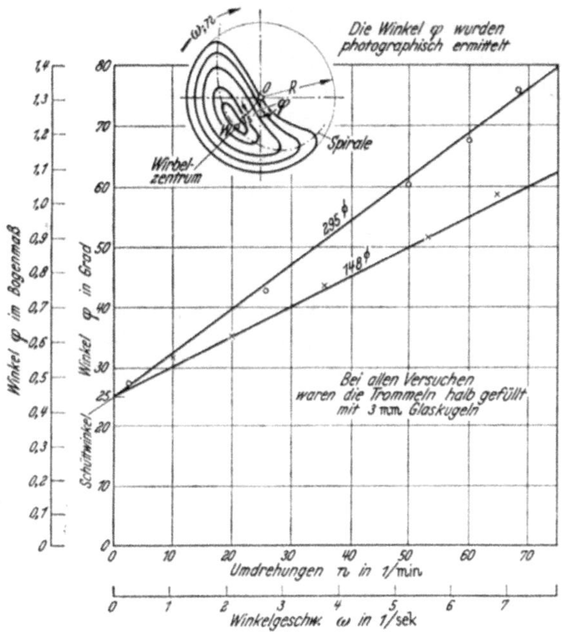

Abb. 14. Dynamische Ähnlichkeit (Kugelmühle) Trommel ⌀ 148 mm und 295 mm Darstellung $\varphi = f(\omega)$.

dener Geschwindigkeit geschlossene Bahnen. Zwischen den Grenzschichten der oberen Reihen, die aneinander schnell vorbeigleiten, findet die eigentliche Mahlwirkung statt, während in dem unteren sich mit der Trommel bewegenden Teil keinerlei Mahlwirkung auftritt.

Bei der Kugelmühle für Trockenmahlung spielen Trägheits- und Schwerkräfte eine Rolle, so daß die Froudesche Zahl als das Verhältnis von Trägheitskraft zu Schwerkraft und die Froudesche Maßstabsgleichung

$$\lambda = \tau^2 \tag{21}$$

den Vorgang kennzeichnet. Hierbei kann also vollständige Ähnlichkeit erwartet werden. Da die Trägheitskraft im vorliegenden Fall nichts anderes als die Zentrifugalkraft einer einzelnen Kugel ist, so errechnet sich mit m als Masse der Kugel, R als innerem Halbmesser der Trommel und mit $w = \pi\, n/30$ als Winkelgeschwindigkeit der Trommel die FROUDEsche Kenngröße zu:

$$Fr = \frac{\text{Trägheitskraft}}{\text{Schwerkraft}} = \frac{m\,R\,\omega^2}{m\,g} = \frac{R\,\omega^2}{g}\,. \tag{132}$$

Die FROUDEsche Zahl hängt demnach vom Durchmesser $2\,R$ der Trommel und von der Winkelgeschwindigkeit ω ab, während der Durchmesser der verwendeten Kugeln in Gl. (132) nicht enthalten ist. Betrachtet man in Abb. 15 eine Kugel an der Stelle B und zeichnet das Beschleunigungsdreieck BCD aus g und $R\,\omega^2$ und verlängert man CB über B hinaus bis zum Schnitt A mit der Senkrechten in M, so ist wegen Ähnlichkeit der Dreiecke ABM und BCD:

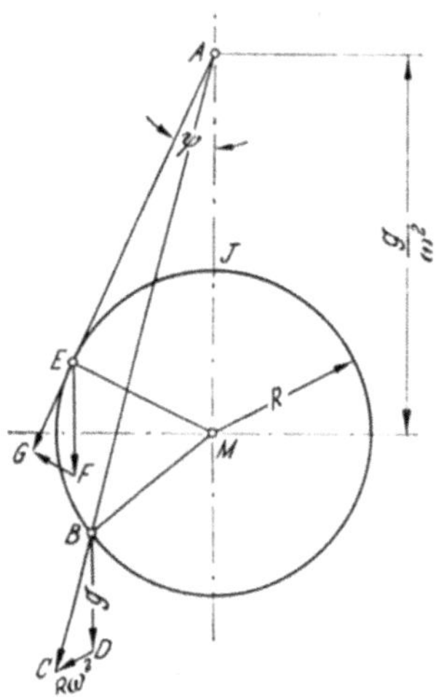

Abb. 15. Dynamische Ähnlichkeit (Kugelmühle), Ableitung der FROUDEschen Zahl $Fr = \sin\psi$.

$$Fr = \frac{C\,D}{B\,D} = \frac{R\,\omega^2}{g} = \frac{B\,M}{A\,M} = \frac{R}{g/w^2}\,. \tag{133}$$

Hieraus folgt $AM = g/\omega^2$. Dies ist überdies auch schon von BARTH[1] festgestellt. Neu ist in dieser Betrachtungsweise die Benutzung der FROUDEschen Zahl. Durch den Punkt A gehen alle aus Trägheits- und Schwerkraft zusammengesetzten Kräfte. Eine andere bildliche Darstellung findet die FROUDEsche Zahl in dem Winkel ψ von Dreieck MEA, in dem AE Tangente an den Trommelkreis ist. Hierin ist nämlich:

$$\sin\psi = \frac{M\,E}{M\,A} = \frac{R}{g/\omega^2} = \frac{R\,\omega^2}{g} = Fr. \tag{134}$$

Die FROUDEsche Zahl Fr ist demnach gleichbedeutend mit $\sin\psi$. Im Punkte E hat die aus Schwerkraft und Trägheitskraft hervorgehende Resultierende keine radiale Komponente mehr, die die Kugel an die Trommelwand preßt. Hier muß sich demnach die Kugel von der Trommelwand ablösen, wenn sie von den inneren Kugeln nicht mehr gehalten wird. Wird $Fr = 1$, dann wird $\sin\psi = 1$, $\psi = 90°$, der Punkt E und der Punkt A fallen nach J. Dann ist die Trägheitsbeschleunigung $R\omega^2$ gleich der Schwerebeschleunigung g. Beide fallen im Punkte J in die gleiche Richtung, sind entgegengesetzt und halten sich das Gleichgewicht. Wenn aber in J keine Loslösung der Kugel von der Trommel-

[1] BARTH, W.: Der Arbeitsverbrauch von Rohrmühlen, Techn. Mechanik u. Thermodynamik 1930, S. 321—28.

wand erfolgt, beschreibt sie dauernd mit der Winkelgeschwindigkeit ω eine Kreisbewegung um die Trommelachse. Die Größe dieser kritischen Winkelgeschwindigkeit ergibt sich aus $R\omega_1^2/g = 1$ zu:

$$\omega_1 = \sqrt{\frac{g}{R}} \tag{135}$$

oder da auch $\omega_1 T = 2\pi$ ist, folgt für die Dauer einer solchen Kreisschwingung:

$$T_1 = 2\pi\sqrt{\frac{R}{g}}. \tag{135a}$$

Die FROUDEsche Zahl nach Gl. (134) kann nun unter Benutzung von Gl. (135) auch dargestellt werden als:

$$Fr = \sin\psi = \frac{1}{\omega_1^2}\cdot\omega^2 = \left(\frac{\omega}{\omega_1}\right)^2 \tag{136}$$

Für zwei modellähnliche Ausführungen muß natürlich auch $\sqrt{Fr} = \sqrt{\sin\psi} = \frac{\omega}{\omega_1}$ eine dimensionslose Kenngröße sein, so daß durch gleiche Werte:

$$\sqrt{Fr} = \sqrt{\sin\psi} = \frac{\omega}{\omega_1}, \tag{137}$$

zwei ähnliche Vorgänge gekennzeichnet werden. Zur Deutung des Kennwertes ω/ω_1 bedenke man, daß der in der Zeit t_1 mit der kritischen Winkelgeschwindigkeit ω_1 von einem Radiusvektor überstrichene Winkel φ_1 (im Bogenmaß) gleich ist:

$$\varphi_1 = \omega_1 t_1$$

und daß für den besonderen Fall des Einheitswinkels $\varphi_1 = 1$ ($\varphi_1{}^\circ = 57^\circ\ 17'\ 45''$)

$$1 = \omega_1 t_1 \tag{138}$$

wird. Dreht sich also die Mühlentrommel mit der kritischen Grenzwinkelgeschwindigkeit $\omega_1 = \sqrt{g/R}$, so überstreicht der vom Mittelpunkt nach dem Wirbelzentrum W (Abb. 14) gezogene Fahrstrahl r_s in der Zeit $t_1 = 1/\omega_1 = \sqrt{R/g}$ den Einheitswinkel $(\varphi_1 - \varphi_0)$, wobei φ_0 ($\sim 25^\circ$) den Schüttwinkel bezeichnet. Es ist also:

$$(\varphi_1 - \varphi_0) = 1 = \omega_1 t_1.$$

Dreht sich jedoch die Mühlentrommel mit einer Winkelgeschwindigkeit $\omega < \omega_1$, so beschreibt der Fahrstrahl r_s in derselben kritischen Zeit $t_1 = \sqrt{R/g}$ den kleineren Winkel $(\varphi - \varphi_0) < 1$, und es ist:

$$\omega t_1 = \varphi - \varphi_0 < 1. \tag{139}$$

Um wieder zur Gl. (137) zu gelangen, dividiert man Gl. (139) durch Gl. (138):

$$\frac{\omega}{\omega_1} = \varphi - \varphi_0, \tag{140}$$

oder

$$\varphi = \frac{\omega}{\omega_1} + \varphi_0. \tag{141}$$

Gl. (141) stellt in einem Koordinatensystem mit φ als Ordinate und ω als Abszisse die Gleichung einer geraden Linie vor, die die Neigung $1/\omega_1 = \sqrt{R/g}$ gegen die Abszissenachse besitzt und auf der Ordinatenachse den Schüttwinkel φ_0 abschneidet. Die in Abb. 14 dargestellten Versuchsergebnisse $\varphi = f(\omega)$ bzw. $\varphi = f(n)$ zeigen für die beiden Mühlen mit 148 mm und 295 mm Trommeldurchmesser in der Tat einen geradlinigen Verlauf. Zur Nachprüfung der oben entwickelten Ähnlichkeitstheorie errechnet man die Neigung der beiden Versuchsgeraden, die $\operatorname{tg} \alpha = 1/\omega_1$ nach Gl. (141) ergeben sollte. Aus Gl. (141) folgt für zwei Punkte 2 und 3:

$$\operatorname{tg} \alpha = \frac{\varphi_2 - \varphi_3}{\omega_2 - \omega_3}.$$

Wählt man $\omega_2 = 5$ ($n_2 = 47{,}6$ Uml/min) und $\omega_3 = 3$ ($n = 28{,}6$ Uml/min), so erhält man die zugehörigen Versuchswerte zu $\varphi_2 = 0{,}855$ und $\varphi_3 = 0{,}69$ für 148 mm $\varnothing$ und $\varphi_2 = 1{,}05$ und $\varphi_3 = 0{,}8$ für 295 mm $\varnothing$. Hieraus errechnet man:

für 148 mm: $$\operatorname{tg} \alpha = \frac{0{,}86 - 0{,}69}{5 - 3} = \frac{0{,}17}{2} = 0{,}085 = 1/\omega_1,$$

für 295 mm: $$\operatorname{tg} \alpha = \frac{1{,}05 - 0{,}8}{5 - 3} = \frac{0{,}25}{2} = 0{,}125 = 1/\omega_1.$$

Da $1/\omega_1$ nach Gl. (135) gleich $\sqrt{R/g}$ ist, so ergibt sich:

für 148 mm: $$\sqrt{R/g} = \sqrt{0{,}074/9{,}81} = \sqrt{0{,}00754} = 0{,}087,$$

für 295 mm: $$\sqrt{R/g} = \sqrt{0{,}148/9{,}81} = \sqrt{0{,}0152} = 0{,}123.$$

Die Versuchswerte stimmen also recht gut mit den errechneten überein.

Ferner muß vom Gesichtspunkt der Modellähnlichkeit aus für gleiche φ die FROUDEsche Zahl $Fr = R\,\omega^2/g$ gleich sein. Bildet man z. B. die FROUDEsche Zahl für $\varphi = 60°$ ($\varphi_b = 1{,}05$), so erhält man aus dem Kurvenblatt folgende Werte:

für 295 mm $\varnothing$: $$Fr = \frac{R\,\omega^2}{g} = \frac{0{,}148 \cdot 5^2}{9{,}81} = 0{,}378$$

für 148 mm $\varnothing$: $$Fr = \frac{0{,}074 \cdot 7{,}2^2}{9{,}81} = 0{,}39.$$

Man kann nun auch mittels der Ähnlichkeitsbetrachtungen leicht eine einfache Beziehung zwischen der FROUDEschen Zahl $Fr = \sin\psi$ und dem Drehwinkel $(\varphi - \varphi_0)$ des Vektors des Wirbelzentrums ableiten. Aus Gl. (137) und Gl. (140) folgt:

$$\sqrt{\sin\psi} = \frac{\omega}{\omega_1} = \varphi - \varphi_0$$

oder

$$\sin\psi = (\varphi - \varphi_0)^2. \qquad (142)$$

Gl. (142) ist die Gleichung einer Parabel mit dem Parameter $p = {}^1/_2$ in einem Koordinatensystem mit $y = (\varphi - \varphi_0)$ als Ordinate und $x =$

$\sin \psi = Fr$ als Abszisse. In Abb. 16 ist die Parabel dargestellt, die nun Auskunft über die Zusammenhänge zwischen Fr, $(\varphi - \varphi_0)$, ω und ω_1 erteilt.

Im übrigen gelten für die Bewegung der Kugeln in der Trommel die Schwerpunktssätze des materiellen Punkthaufens. Die einzelnen Kugeln können nämlich als Massenpunkte dieses Haufens angesehen werden. Der Schwerpunkt eines Punkthaufens bewegt sich nun so, als ob die Gesamtmasse M in ihm vereinigt wäre und als ob sämtliche äußeren Kräfte parallel nach dem Schwerpunkt verlegt und zu einer Resultierenden vereinigt wären. Die äußeren Kräfte sind hier die Schwerkräfte der Kugeln und des Mahlgutes und die zwischen Trommelwand

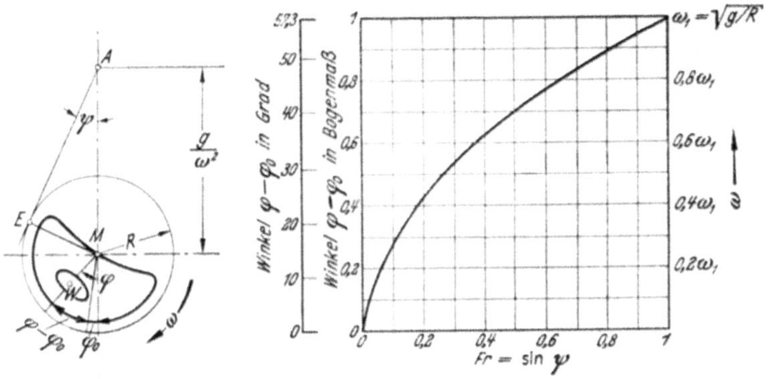

Abb. 16. Dynamische Ähnlichkeit (Kugelmühle) Darstellungen $Fr = f(\varphi - \varphi_0)$.

und Kugeln und zwischen den einzelnen Kugelreihen wirksamen Reibungskräfte sowie die zwischen Kugeln und Mahlgut wirksamen Zerkleinerungskräfte. Der Schwerpunkt ist hier gleichbedeutend mit dem Wirbelzentrum. Das von der Antriebsmaschine auf die Trommelachse übertragene Drehmoment kann nur eine Drehung um den Schwerpunkt bewirken. Da nun das aus den äußeren Kräften, der Schwerkraft, der Reibungskraft und Zerkleinerungskraft bestehende Kräftesystem, das am Punkthaufen angreift, jederzeit auf eine Einzelkraft $\mathfrak{R}$ durch den Schwerpunkt und auf ein resultierendes Moment $\mathfrak{M}$ zurückgeführt werden kann, so läßt sich nach dem Schwerpunktssatz die Bewegung des Punkthaufens entsprechend in die Schwerpunktsbewegung, die von $\mathfrak{R}$ herrührt, und in eine Drehung um den Schwerpunkt, die von $\mathfrak{M}$ herrührt, zerlegen. Im vorliegenden Fall der Kugelmühle wird für den bei einer bestimmten Winkelgeschwindigkeit ω erreichten Beharrungszustand der Schwerpunkt (das Wirbelzentrum) in Ruhe gehalten. Die von $\mathfrak{R}$ entgegen der Schwerkraft herrührende Schwerpunktsbewegung ist nur während der Anfahrtszeit aus der Ruhe in den Beharrungszustand vorhanden. Hierbei wird dann der zur Hebung des Schwerpunktes erforderliche Anteil der Leistung verbraucht. Die während des Beharrungszustandes nötige Energie wird für die eigentliche nutzbringende Drehung von Kugeln und Mahlgut um den Schwerpunkt bei gleichzeitiger Zerkleinerungs- und Reibungsleistung des Mahlgutes zwischen den Kugeln verbraucht.

d) Ähnlichkeit bei dynamischer Festigkeit.

Viele Schwingungsaufgaben der Verfahrenstechnik führen auf Betrachtungen über Ähnlichkeit der dynamischen Festigkeit. Im allgemeinen treten hierbei Trägheitskräfte, elastische Kräfte und Schwerkräfte in Erscheinung. Wenn jedoch nur elastische und Trägheitskräfte vorkommen wie bei Längsschwingungen von Stäben und Trägern oder wie bei der Schallfortpflanzung durch Werkstoffe, dann gelten nur

das NEWTONsche Gesetz: $\varkappa = \lambda^4\, \delta/\tau^2$ mit $\delta = \varrho_1 : \varrho_2$ (22)

und das HOOKEsche Gesetz: $\varkappa = \psi\, \lambda^2$ mit $\psi = E_1 : E_2$. (17)

Aus diesen beiden Gleichungen ergibt sich:

$$\tau = \lambda \cdot \sqrt{\frac{\delta}{\psi}} \tag{143}$$

oder

$$\frac{\lambda}{\tau} = \sqrt{\frac{\psi}{\delta}}\,.$$

Da $\lambda : \tau = w_1 : w_2$, $\psi = E_1 : E_2$ und $\delta = \varrho_1 : \varrho_2$ ist, so kann diese Maßstabsgleichung auch umgeformt werden in:

$$\frac{w_1}{\sqrt{E_1/\varrho_1}} = \frac{w_2}{\sqrt{E_2/\varrho_2}} = Ca. \tag{144}$$

Ca wird als CAUCHYsche Kenngröße bezeichnet. Bei den Aufgaben dieser Art ist eine vollkommene Ähnlichkeit möglich. Sind für Modell- und Hauptausführung die Elastizitätsmodule und die Dichten gleich, so wird sowohl ψ als auch δ gleich 1 und $\lambda = \tau$.

Bei Verkleinerung der Längen am Modell auf $^1/_{10}$ müssen auch die Zeiten auf $^1/_{10}$ verkleinert werden. Die Geschwindigkeiten für Modell und Hauptausführung sind gleich, und zwar gleich der CAUCHYschen Zahl *Ca*.

Häufiger jedoch sind bei den Problemen der Verfahrenstechnik außer den Trägheitskräften und den elastischen Kräften auch noch die Schwerkräfte wirksam. Dies ist der Fall bei allen Biegungsschwingungen. Hier sind zu gleicher Zeit drei Gesetze, das NEWTONsche, das CAUCHYsche und das FROUDEsche zu erfüllen. Ohne irgendwelche

Sondermaßnahmen kann also hier keine vollständige Ähnlichkeit erwartet werden. Die zu erfüllenden Gesetze in Maßstabsgestalt lauten:

$$\text{das NEWTONsche: } \varkappa = \lambda^4 \, \delta/\tau^2, \tag{22}$$

$$\text{das CAUCHYsche: } \tau = \lambda \sqrt{\delta/\psi}, \tag{143}$$

$$\text{das FROUDEsche: } \lambda = \tau^2. \tag{21}$$

In diesen drei Gleichungen sind die fünf Veränderlichen $\varkappa$, λ, δ, τ, ψ enthalten. Von diesen können zwei frei gewählt werden, dann sind die übrigen drei bestimmt. Ist beispielsweise in der Hauptausführung für Eisen $E_1 = 2100000$ kg/cm² und $\varrho_1 = \gamma_1/g = 7800/9{,}81 = 795$ kg s²/m⁴, und würde das Modell ebenfalls in Eisen ausgeführt werden, so wären $E_2 = E_1$, $\varrho_2 = \varrho_1$ sowie $\psi = 1$ und $\delta = 1$. Dann lauten die drei Gln. (21), (22) und (143):

$$\varkappa = \lambda^4/\tau^2,$$

$$\tau = \lambda,$$

$$\lambda = \tau^2.$$

Diese drei Gleichungen können bei Maßstäben $\lambda > 1$ wegen des Widerspruches von $\tau = \lambda$ nach der zweiten und $\tau = \sqrt{\lambda}$ nach der dritten der obigen Gleichungen nur erfüllt werden für $\tau = \lambda = \varkappa = 1$. Das heißt aber, bei gleichen Werkstoffen und von $\lambda = 1$ verschiedenem Maßstab kann überhaupt keine vollständige Ähnlichkeit zwischen Modell und Hauptausführung bestehen. Auch bei verschiedenen Werkstoffen von Modell und Hauptausführung treten Einschränkungen in der Wahl der Maßstäbe auf. Beispielsweise würde für eine Ausführung des Modells aus Holz und der Betriebsapparatur aus Eisen* gelten:

$$\psi = E_1 : E_2 = 2100000 : 100000 = 21,$$

$$\delta = \varrho_1 : \varrho_2 = 795 : 77{,}5 = 10{,}3.$$

Die drei zu erfüllenden Gesetze nach Gl. (21), (22) und (143) lauten mit diesen Größen:

$$\lambda = \tau^2, \tag{21}$$

$$\varkappa = 10{,}3 \, \lambda^4/\tau^2, \tag{22}$$

$$\tau = \lambda \cdot \sqrt{10{,}3/21} = 0{,}7\,\lambda. \tag{143}$$

Aus diesen drei Gleichungen mit den drei Unbekannten $\varkappa$, λ, τ ergeben sich nun zwangsläufig die Maßstabsgrößen. Man findet:

$\lambda = 2{,}04$ als Längenmaßstab,

$\tau = 1{,}43$ als Zeitmaßstab,

$\varkappa = 87{,}5$ als Kräftemaßstab.

Die Geschwindigkeiten der Eisenapparatur betragen dann das $\lambda:\tau = 2{,}04:1{,}43 = 1{,}43$fache der Holzapparatur, die Beschleunigungen sind wegen $\lambda:\tau^2 = 1$ für Modell und Hauptausführung gleich, die Spannungen in der Großapparatur sind das $\varkappa:\lambda^2 = 87{,}5:2{,}04^2 = 21$fache der Spannungen im Holzmodell, die Eigenschwingungszahl ω_2 des Modelles beträgt wegen $\omega_1:\omega_2 = \tau_2:\tau_1 = {}^1/_{1,43}$ das 1,43fache der Eigenschwingungszahl der Eisenapparatur. Wie man aus diesem Beispiel ersieht, ist hier vollkommene Ähnlichkeit zwischen beiden Ausführungen gewahrt.

Löst man Gl. (21), (22) und (143) nach den drei Unbekannten λ, $\varkappa$ und τ auf, so daß diese Funktionen von ψ und δ werden, so findet man leicht:

$$\lambda = \psi/\delta,$$
$$\varkappa = \psi^3/\delta^2,$$
$$\tau = \sqrt{\psi/\delta}.$$

Aus diesen Gleichungen erkennt man sofort wieder, daß bei gleichen Werkstoffen, also $\psi = 1$ und $\delta = 1$, auch $\lambda = \varkappa = \tau = 1$ werden. Immerhin besteht die Möglichkeit, auch bei gleichen Werkstoffen durch Anwendung eines Kunstgriffes den Fall der nicht vollständigen Ähnlichkeit auf den Fall der vollständigen zurückzuführen. Hierzu betrachtet man nochmals die drei Gln. (21), (22) und (143) für $\psi = 1$ und $\delta = 1$. Es gelten:

für das FROUDEsche Gesetz: $\lambda = \tau^2$ (21)

für das NEWTONsche Gesetz: $\varkappa = \lambda^4/\tau^2$, (22)

für das CAUCHYsche Gesetz: $\lambda = \tau$. (143)

Aus Gl. (22) und Gl. (143) folgt für das Auftreten von *elastischen Kräften* und *Trägheitskräften*:

die NEWTON-CAUCHYsche Beziehung: $\varkappa = \lambda^2$ und $\lambda = \tau$. (144)

Aus Gl. (21) und (22) folgt für das Auftreten von *Schwerkräften* und *Trägheitskräften*:

die NEWTON-FROUDEsche Beziehung: $\varkappa' = \lambda^3$ und $\lambda = \tau'^2$. (145)

Die Maßstäbe für die Kräfte $\varkappa$ und $\varkappa'$ und für die Zeiten τ und τ' weichen voneinander ab. Es ist:

$$\frac{\varkappa'}{\varkappa} = \lambda \qquad \varkappa' = \varkappa\,\lambda = \lambda^3$$

und
$$\frac{\tau'}{\tau} = \frac{\sqrt{\lambda}}{\lambda} = \frac{1}{\sqrt{\lambda}} \qquad \tau' = \frac{\tau}{\sqrt{\lambda}} = \frac{\lambda}{\sqrt{\lambda}} = \sqrt{\lambda}.$$

Während sich in Wirklichkeit die Schwerkraft der Hauptausführung G_1 zu der der Modellausführung G_2 nach der NEWTON-FROUDEschen Beziehung wie

$$\varkappa' = \frac{G_1}{G_2} = \lambda^3$$

verhält, soll aber gleichwohl mit dem NEWTON-CAUCHYschen Kraftgesetz

$$\varkappa = \lambda^2$$

gerechnet werden. Diese zunächst als paradox erscheinende Forderung kann aber mit den gegebenen Bedingungen verträglich gestaltet werden, wenn der Nenner von $\varkappa'$ durch eine zu der Modellschwerkraft G_2 hinzugefügte Zusatz-Schwerkraft G_z vergrößert wird. Das heißt:

$$\varkappa = \lambda^2 = \frac{G_1}{G_2 + G_z} = \frac{\frac{G_1}{G_2}}{1 + \frac{G_z}{G_2}}.$$

Setzt man hierin $G_1/G_2 = \lambda^3$, so wird:

$$\varkappa = \lambda^2 = \frac{\lambda^3}{1 + \frac{G_z}{G_2}}.$$

Hieraus findet man:

$$1 + \frac{G_z}{G_2} = \lambda$$

und

$$G_z = G_2 (\lambda - 1). \tag{146}$$

Am Modell muß also eine Zusatz-Schwerkraft nach Gl. (146) angebracht werden.

Die Zeit der Hauptausführung t_1 zu der Zeit der Modellausführung t_2 verhält sich nach der NEWTON-FROUDEschen Beziehung wie:

$$\frac{t_1}{t_2} = \tau' = \sqrt{\lambda},$$

Um den NEWTON-CAUCHYschen Zeitmaßstab

$$\tau = \lambda$$

auch für die nach dem NEWTON-FROUDEschen Gsetz ablaufenden Vorgänge zu benutzen, muß der kleinere Wert $\sqrt{\lambda}$ auf den größeren Wert λ gebracht werden und muß deshalb die wirkliche Zeit t_2 in der obigen Formel für τ' um einen gewissen Betrag t_0 verkleinert werden. Es muß also gelten:

$$\tau = \frac{t_1}{t_2 - t_0} = \lambda = \frac{t_1}{t_2'}$$

und

$$\frac{\frac{t_1}{t_2}}{1 - \frac{t_0}{t_2}} = \frac{\sqrt{\lambda}}{1 - \frac{t_0}{t_2}} = \lambda$$

$$\frac{1}{1 - \frac{t_0}{t_2}} = \sqrt{\lambda}$$

$$t_0 = t_2 \frac{\sqrt{\lambda} - 1}{\sqrt{\lambda}}. \tag{147}$$

Ferner folgt aus

$$t_2' = t_2 - t_0,$$

$$t_2' = t_2 - t_2 \frac{\sqrt{\lambda} - 1}{\sqrt{\lambda}},$$

$$t_2' = t_2 \left[1 - \frac{\sqrt{\lambda} - 1}{\sqrt{\lambda}}\right],$$

$$t_2' = \frac{t_2}{\sqrt{\lambda}}. \tag{148}$$

Hier ist t_2' die reduzierte und t_2 die wirklich gemessene Zeit. In Worten heißt dies: Bei Benutzung des NEWTON-CAUCHYschen Zeitmaßstabes $\tau = \lambda$ müssen die gemessenen Modellzeiten t_2 noch durch $\sqrt{\lambda}$ dividiert werden. Da die Winkelgeschwindigkeit ω die Dimension $(\text{Sek})^{-1}$ besitzt, so müssen für die Benutzung des NEWTON-CAUCHYschen Zeitmaßstabes $\tau = \lambda$ die gemessenen wirklichen Winkelgeschwindigkeiten ω_2 noch mit $\sqrt{\lambda}$ multipliziert werden:

$$\omega_2' = \omega_2 \sqrt{\lambda}. \tag{149}$$

Hier ist ω_2' die reduzierte und ω_2 die wirklich gemessene Winkelgeschwindigkeit.

Zusammenfassend kann zur Frage der vollständigen Ähnlichkeit bei Aufgaben aus dem Gebiet der dynamischen Festigkeit gesagt werden: Auch bei gleichen Werkstoffen für Modell- und Hauptausführung kann wie bei vollständiger Ähnlichkeit mit den Maßstäben des NEWTON-CAUCHYschen Modellgesetzes:

$$\varkappa = \lambda^2 \text{ für Kräfte,}$$

$$\tau = \lambda \text{ für Zeiten}$$

gerechnet werden. Man hat nur zur Berücksichtigung der gemäß dem NEWTON-FROUDEschen Gesetz in Erscheinung tretenden Schwerkräfte am Modell anzubringen:

$$\text{eine Zusatz-Schwerkraft } G_z = G_2 (\lambda - 1). \tag{146}$$

Ferner müssen zur Korrektur des Zeitmaßstabes die am Modell gemessenen wirklichen Zeiten t_2 gemäß Gl. (148) $t_2' = t_2/\sqrt{\lambda}$ durch $\sqrt{\lambda}$ dividiert, die am Modell gemessenen Winkelgeschwindigkeiten ω_2 gemäß Gl. (149) $\omega_2' = \omega_2 \sqrt{\lambda}$ mit $\sqrt{\lambda}$ multipliziert werden.

An einem einfachen Zahlenbeispiel soll dies Verfahren erläutert werden.

Aufgabe: Eine auf zwei Stützen frei gelagerte Stahlwelle von 75 mm ⌀ und 2500 mm Länge mit einer Belastung $P_1 = 1500$ kg in der Mitte soll vor Anfertigung an einem kleinen Modell im Längenmaßstab 1:5

untersucht werden. Welche Belastung P_2 muß an dem Modell angebracht werden? Wie erhält man die Durchbiegung der Hauptausführung aus der Modelldurchbiegung f_2? Wie groß ist die Eigenschwingungszahl auf Grund des Modellversuches?

a) ohne Berücksichtigung des Eigengewichtes,

b) mit Berücksichtigung des Eigengewichtes.

Lösung:

Benutzt werden die Maßstäbe:

$$\lambda = 5 \quad \text{für die Längen,}$$
$$\tau = \lambda = 5 \quad \text{für die Zeiten,}$$
$$\varkappa = \lambda^2 = 25 \quad \text{für die Kräfte,}$$
$$\frac{\varkappa}{\lambda^2} = 1 \quad \text{für die Spannungen.}$$

Hiernach ist die Modellwelle auszuführen mit

$$d_2 = \frac{d_1}{\lambda} = \frac{75}{5} = 15 \text{ mm.}$$

Entsprechend dem Maßstabsgesetz $\varkappa = \lambda^2$ wird die Belastung:

$$P_2 = \frac{1}{25} \cdot 1500 = 60 \text{ kg.}$$

Die Länge l_2 der Modellwelle wird:

$$l_2 = \frac{1}{5} \cdot 2500 = 500 \text{ mm.}$$

Die Durchbiegung f_2 der Modellwelle wird gemessen, soll aber hier errechnet werden aus der Formel:

$$f_2 = \frac{P_2}{E\,J_2} \cdot \frac{l_2^3}{48}.$$

Setzt man hierin die Werte ein:

$$E = 2100000 \text{ kg/cm}^2 \qquad P_2 = 60 \text{ kg,}$$
$$J_2 = 0{,}2485 \text{ cm}^4,$$
$$l_3 = 50^3 = 125000 \text{ cm}^3$$

so wird:

$$f_2 = \frac{60 \cdot 125000}{2100000 \cdot 0{,}2485 \cdot 48} = 0{,}3 \text{ cm.}$$

Die Durchbiegung f_1 der Hauptwelle wird somit:

$$f_1 = 5 \cdot 0{,}3 = 1{,}5 \text{ cm.}$$

In dem vorliegenden Falle kann man sich leicht durch Nachrechnung mittels der Durchbiegungsformel von der Richtigkeit überzeugen:

$$f_1 = \frac{1500 \cdot 250^3}{2100000 \cdot 155{,}32 \cdot 48} = 1{,}5 \text{ cm.}$$

Die Eigenschwingungszahl ω_2 des Modelles würde wieder im allgemeinen gemessen werden, soll aber hier gerechnet werden:

$$\omega_2 = \sqrt{\frac{g}{f_2}} = \sqrt{\frac{9{,}81}{0{,}003}} = \sqrt{\frac{9810}{3}} = \sqrt{3280} = 57{,}3 \ \text{sec}^{-1}.$$

Würde man nun das NEWTON-CAUCHYsche Maßstabsverhältnis $\tau = \lambda$ für die Zeiten und $1/\tau = 1/\lambda$ für die Winkelgeschwindigkeiten benutzen, so erhielte man die Winkelgeschwindigkeit ω_1 der Hauptausführung gemäß

$$\frac{\omega_1}{\omega_2} = \frac{1}{\tau} = \frac{1}{\lambda}$$

zu

$$\omega_1 = \frac{\omega_2}{\lambda} = \frac{57{,}3}{5} = 11{,}5 \ \text{sec}^{-1}.$$

Statt ω_2 hat man jedoch nach Gl. (149) $\omega_2' = \omega_2 \sqrt{\lambda}$ einzusetzen und findet:

$$\omega_1 = \frac{\omega_2'}{\lambda} = \frac{\omega_2 \sqrt{\lambda}}{\lambda} = \frac{\omega_2}{\sqrt{\lambda}} = \frac{57{,}3}{\sqrt{5}} = \frac{57{,}3}{2{,}24} = 25{,}6 \ \text{sec}^{-1}.$$

Bei Berücksichtigung des Eigengewichtes nun muß man gemäß Formel (146) verfahren: Das Eigengewicht der stählernen, 15 mm starken und 500 mm langen Modellwelle beträgt:

$$G_2 = \delta_2^2 \frac{\pi}{4} \cdot l_2 \cdot 7850 = 0{,}015^2 \frac{\pi}{4} \cdot 0{,}4 \cdot 7850 = 177 \cdot 10^{-6} \cdot 0{,}5 \cdot 7850$$

$$G_2 = 0{,}695 \ \text{kg}.$$

Nach Gl. (146) wird:

$$G_z = G_2 (\lambda - 1) = 0{,}695 \cdot 4 = 2{,}780 \ \text{kg}.$$

Am Modell muß also eine Zusatz-Schwerkraft von 2,780 kg angebracht werden. Hiermit wird dann:

$$G_2' = 0{,}695 + 2{,}78 = 3{,}475 \ \text{kg}.$$

Das Gewicht der 75 mm starken und 2500 mm langen Hauptwelle beträgt:

$$G_1 = d_1^2 \cdot \frac{\pi}{4} l_1 \cdot 7850 = 0{,}075^2 \cdot \frac{\pi}{4} \cdot 2{,}5 \cdot 7850 = 86{,}7 \ \text{kg}.$$

Hiermit wird:

$$\varkappa = \frac{G_1}{G_2'} = \frac{86{,}7}{3{,}475} = 25 = 5^2 = \lambda^2 \ \text{wie gem. Gl. (144)}.$$

Bei Berücksichtigung des Eigengewichtes erniedrigen sich die Winkelgeschwindigkeiten ω_1 und ω_2. Ist Q das Gesamtgewicht der gleichmäßig verteilten Belastung, so ergibt sich als Durchbiegung durch diese für die Modellwelle mit $Q_2 = G_2' = 3{,}475$ kg, mit $l_2 = 50$ cm, $J_2 = 0{,}2485$ cm^4

$$f_2' = \frac{3{,}475 \cdot 5 \cdot 125000}{2100000 \cdot 0{,}2485 \cdot 384} = 0{,}01085 \ \text{cm}.$$

Die Gesamtdurchbiegung durch Last $P_2 = 60$ kg und durch Eigengewicht $Q_2 = 3{,}475$ kg beträgt:

$$(f_2)_g = 0{,}3 + 0{,}01085 = 0{,}31085 \text{ cm}.$$

Für die Welle 75 mm ⌀ mit $Q_1 = 86{,}7$ kg, $l_1 = 250$ cm, $J_1 = 155{,}32$ cm^4 wird:

$$f_1' = \frac{86{,}7 \cdot 5 \cdot 250^3}{2100000 \cdot 155{,}32 \cdot 384} = 0{,}054 = 5\, f_2' = \lambda\, f_2'.$$

Die Gesamtdurchbiegung durch Last $P_1 = 1500$ kg und durch Eigengewicht $Q_1 = 86{,}7$ kg beträgt:

$$(f_1)_g = 1{,}5 + 0{,}054 = 1{,}554 \text{ cm} = 5\ (f_2)_g = \lambda (f_2)_g.$$

Man findet

$$\omega_2 = \sqrt{\frac{g}{(f_2)_g}} = \sqrt{\frac{9{,}81}{0{,}0031085}} = \sqrt{\frac{9810}{3{,}1085}} = \sqrt{3150} = 56 \text{ sec}^{-1},$$

$$\omega_1 = \frac{\omega_2}{\sqrt{\lambda}} = \frac{56}{2{,}24} = 25 \text{ sec}^{-1}.$$

Zur Kontrolle rechnet man noch ω_1 aus $(f_1)_g$ und findet:

$$\omega_1 = \sqrt{\frac{g}{(f_1)_g}} = \sqrt{\frac{9{,}81}{0{,}01554}} = \sqrt{\frac{9810}{15{,}54}} = \sqrt{630} = 25 \text{ sec}^{-1}.$$

3. Thermodynamische Ähnlichkeit.

a) Zahlenbeispiel für einen Kühler.

Bei der Berechnung der Kühler auf Grund von Ähnlichkeitsbetrachtungen geht man am besten von den Gln. (72) und (73) aus, die hier nochmals angeschrieben werden sollen!

$$\vartheta = \vartheta_0 \cdot e^{-\frac{w_1}{\vartheta_0}}, \tag{72}$$

$$\vartheta' = \vartheta_0' \cdot e^{-\frac{w_1}{\vartheta_0}}. \tag{73}$$

Man kann diese beiden Formeln noch etwas umgestalten:

$$\frac{w_1}{\vartheta_0} = \ln\left(\frac{\vartheta_0}{\vartheta}\right), \tag{72a}$$

$$\frac{w_1}{\vartheta_0} = \ln\left(\frac{\vartheta_0'}{\vartheta'}\right). \tag{73a}$$

Nach Gl. (58) und (60) ist nun:

$$\frac{\vartheta_0}{\vartheta} = \frac{t_1 - t_\infty}{t - t_\infty}.$$

Nach Gl. (59) und (61) ist ferner:

$$\frac{\vartheta_0'}{\vartheta'} = \frac{t_1' - t_\infty}{t' - t_\infty}.$$

Beachtet man noch, daß nach Gl. (65) ist:

$$\vartheta_0 = \frac{1}{1-\varphi}$$

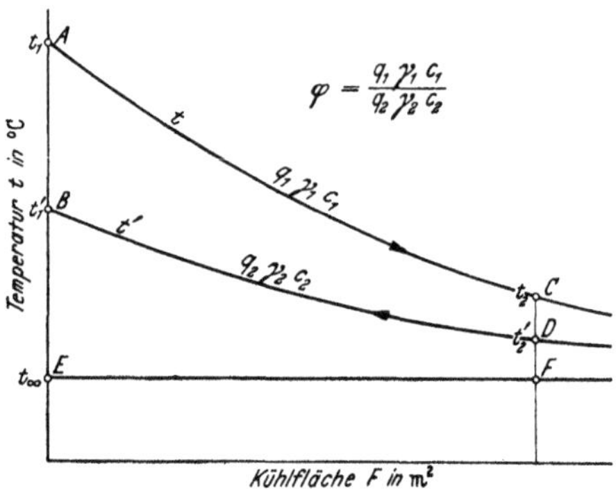

Abb. 17. Temperaturverlauf im Kühler.

und nach Gl. (66)

$$\vartheta_0' = \frac{\varphi}{1-\varphi},$$

ferner nach Gl. (67)

$$w_1 = \frac{k\,h\,x}{q_1\gamma_1 c_1} = \frac{k\,F}{q_1\gamma_1 c_1},$$

so wird:

$$1-\varphi = \frac{q_1\gamma_1 c_1}{k\,F}\cdot\ln\frac{t_1-t_\infty}{t-t_\infty},$$

$$\frac{t_1'-t_\infty}{t_1-t_\infty} = \frac{t'-t_\infty}{t-t_\infty} = \varphi,$$

$$\varphi = \frac{q_1\gamma_1 c_1}{q_2\gamma_2 c_2}.$$

Insgesamt sind also zwischen diesen dimensionslosen Ähnlichkeitskenngrößen vier Gleichungen gegeben:

$$1-\varphi = \frac{q_1\gamma_1 c_1}{k\cdot F}\cdot\ln\frac{t_1-t_\infty}{t_2-t_\infty} \qquad (150\text{a})$$

$$\frac{t_1'-t_\infty}{t_1-t_\infty} = \frac{t_2'-t_\infty}{t_2-t_\infty} \qquad (150\text{b})$$

$$\frac{t_1'-t_\infty}{t_1-t_\infty} = \varphi \qquad (150\text{c})$$

$$\frac{q_1\gamma_1 c_1}{q_2\gamma_2 c_2} = \varphi. \qquad (150\text{d})$$

(150)

Hier wird verstanden unter t_2 die Temperatur der heißen Flüssigkeit am Ende und unter t_2' die Temperatur der kalten Flüssigkeit am Anfang. Auf Abb. 17 ist ähnlich wie auf Abb. 4 der Temperaturverlauf im Kühler schematisch dargestellt. Abweichend von Abb. 4 ist hier als Abszisse nicht die Austauschlänge x der Rohre, sondern die Kühlfläche $F = h\cdot x$ abgetragen. In den 4 Gln. (150) sind folgende 10 Veränderliche enthalten:

1. $q_1\gamma_1 c_1$ = die stündlich pro °C mit der *heißen* Flüssigkeit in den Kühler strömenden Wärmeeinheiten in kcal/h° C,
2. $q_2\gamma_2 c_2$ = die stündlich pro °C mit der *kalten* Flüssigkeit in den Kühler strömenden Wärmeeinheiten in kcal/h °C,
3. t_1 = Eintrittstemperatur der heißen Flüssigkeit in °C,
4. t_2 = Austrittstemperatur der heißen Flüssigkeit in °C,
5. t_1' = Austrittstemperatur der kalten Flüssigkeit in °C,

6. t'_2 = Eintrittstemperatur der kalten Flüssigkeit in ° C,
7. t_∞ = Asymptotentemperatur in ° C,
8. k = Wärmedurchgangszahl zwischen heißer und kalter Flüssigkeit in kcal/m² h ° C,
9. F = Kühlfläche in m²,
10. $\varphi = q_1 \gamma_1 c_1 / q_2 \gamma_2 c_2$.

Von diesen 10 Veränderlichen sind von vornherein 6 Stück gegeben:

1. $q_1 \gamma_1 c_1$ = Wärmeeinheiten für die heiße Flüssigkeit,
3. t_1 = Eintrittstemperatur der heißen Flüssigkeit,
4. t_2 = Austrittstemperatur der heißen Flüssigkeit,
5. t'_1 = Austrittstemperatur der kalten Flüssigkeit,
6. t'_2 = Eintrittstemperatur der kalten Flüssigkeit,
8. k = Wärmedurchgangszahl.

Durch die 4 Gln. (150) findet man die Größen:

10. $\varphi = q_1 \gamma_1 c_1 / q_2 \gamma_2 c_2$,
9. F = Kühlfläche,
2. $q_2 \gamma_2 c_2$ = Wärmeeinheiten für das Kühlmittel,
7. t_∞ = Asymptotentemperatur.

Thermodynamisch ähnliche Kühler haben die gleichen dimensionslosen Ähnlichkeitskenngrößen:

$$\text{Mengenverhältnis: } \varphi = \frac{q_1 \gamma_1 c_1}{q_2 \gamma_2 c_2},$$

$$\text{Austauschverhältnis: } \frac{q_1 \gamma_1 c_1}{k \cdot F} = a = \frac{1}{w_1} \text{ [s. Gl. (67)].}$$

Die drei Temperaturverhältnisse:

$$\frac{t_1 - t_\infty}{t_2 - t_\infty}$$

$$\left.\begin{aligned} \frac{t'_1 - t_\infty}{t_1 - t_\infty} &= \varphi \\ \frac{t'_2 - t_\infty}{t_2 - t_\infty} &= \varphi. \end{aligned}\right\} \varphi < 1.$$

Sind bei Modell und Hauptausführung neben dem Verhältnis φ auch die Temperaturen t_1, t_2 und t'_2 die gleichen, so müssen nach obigen Gleichungen für die Temperaturverhältnisse auch die Temperaturen t_∞ und t'_1 dieselben Werte besitzen. Zwei thermodynamisch ähnliche Kühler haben demnach dieselben Temperaturen, dasselbe Mengenverhältnis φ und dasselbe Austauschverhältnis a. Auf Abb. 18 sind die Wärmemengen [kcal/h ° C] der heißen Flüssigkeit in Abhängigkeit von der Kühlfläche F [m²] dargestellt. Ähnliche Kühler mit dem gleichen Austauschverhältnis a werden durch die Gerade in Abb. 18 veranschaulicht.

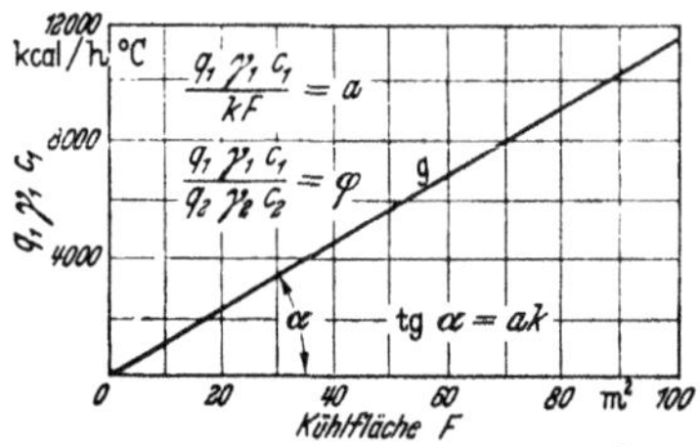

Abb. 18. Wärmemengen (kcal/h °C) der heißen Flüssigkeit in Abhängigkeit von der Kühlfläche F (m²).

An einem Zahlenbeispiel für einen Benzolkühler sollen diese rechnerischen Zusammenhänge gezeigt werden:

$q_1 = 30$ m³/h heißes Benzol mit $\gamma_1 = 880$ kg/m³ und $c_1 = 0{,}43$ kcal/kg ° C sollen von $t_1 = 50$ ° C heruntergekühlt werden. Das Kühlwasser soll mit einer Temperatur $t_2' = 25°$ C zulaufen. Das Verhältnis φ der heißen Wärmemengen zu den kalten soll 0,6 betragen. Die Kühlfläche $F = 100$ m², die Wärmedurchgangszahl $k = 500$ kcal/m² h °C. Wie groß ist die Kühlwassermenge q_2? Wie groß werden t_2, t_1', t_∞? Wie liegen die Verhältnisse bei den zu diesem thermodynamisch ähnlichen Kühlern?

Lösung: Man bildet die Größe:

$$q_1 \gamma_1 c_1 = 30 \cdot 880 \cdot 0{,}43 = 11352 \text{ kcal/h° C}.$$

Die Austausch-Kenngröße wird:

$$a = \frac{q_1 \gamma_1 c_1}{k \cdot F} = \frac{11352}{500 \cdot 100} = 0{,}227.$$

Aus den Gln. (150a)—(510c) folgt:

$$\left.\begin{array}{ll} 1. & \dfrac{50 - t_\infty}{t_2 - t_\infty} = e^{\frac{1-0{,}6}{0{,}227}} = e^{1{,}76} = 5{,}78 \\[2ex] 2. & \dfrac{t_1' - t_\infty}{50 - t_\infty} = 0{,}6 \\[2ex] 3. & \dfrac{25 - t_\infty}{t_2 - t_\infty} = 0{,}6 \end{array}\right\} \text{ 3 Unbekannte } t_2,\ t_1',\ t_\infty.$$

Durch Division von 1. und 3. wird:

$$\frac{50 - t_\infty}{25 - t_\infty} = \frac{5{,}78}{0{,}6} = 9{,}6.$$

Hieraus findet man: $t_\infty = 22°$ C,

Aus 3. findet man: $t_2 = 27°$ C.

Aus 2. findet man: $t_1' = 39°$ C.

Die Kühlwassermenge ergibt sich aus $\varphi = q_1 \gamma_1 c_1 / q_2 \gamma_2 c_2$

$$q_2 \gamma_2 c_2 = \frac{q_1 \gamma_1 c_1}{\varphi} = \frac{11352}{0{,}6} = 18900 \text{ kcal/h° C}$$

mit $\gamma_2 = 1000$ kg/m³ und $c_2 = 1$ wird:

$$q_2 = 18{,}9 \text{ m}^3/\text{h}.$$

Bei allen thermodynamisch ähnlichen Kühlern sind die Temperaturen t_1, t_2, t_1', t_2' und t_∞ dieselben, ebenso das Mengenverhältnis φ und die Austauschgröße a. Will man beispielsweise einen Versuch mit $F = 5$ m² als Modellkühler ausführen, so muß gelten:

$$a = 0{,}227 = \frac{q_1 \gamma_1 c_1}{500 \cdot 5}.$$

Hieraus findet man:

$$q_1 \gamma_1 c_1 = 0{,}227 \cdot 500 \cdot 5 = 567 \text{ kcal/h}^\circ \text{C}$$

mit $\gamma_1 = 880$ kg/m³ und $c_1 = 0{,}43$ kcal/kg °C wird:

$$q_1 = \frac{567}{880 \cdot 0{,}43} = 1{,}5 \text{ m}^3/h \text{ Benzol.}$$

Ferner ergibt sich mit $\varphi = 0{,}6$

$$q_2 \gamma_2 c_2 = \frac{567}{0{,}6} = 945 \text{ kcal/h}^\circ \text{C}$$

mit $\gamma_2 = 1000$ kg/m³ und $c_1 = 1$ kcal/kg °C wird:

$$q_2 = \frac{945}{1000 \cdot 1} = = 0{,}945 \text{ m}^3/\text{h Wasser.}$$

Die Darstellungspunkte aller ähnlichen Kühler mit obigen Temperaturen, obigem Verhältnis φ und obiger Austauschgröße a liegen auf der Geraden g der Abb. 18.

Man kann nun noch Gl. (150a) in einer Form anschreiben, aus der die sehr übersichtliche zeichnerische Darstellung auf Abb. 19 klar hervorgeht. Es läßt sich leicht zeigen, daß die Beziehungen bestehen:

$$y = \frac{t - t_\infty}{t_1 - t_\infty} = e^{-(1-\varphi)w}, \tag{151a}$$

$$y' = \frac{t' - t_\infty}{t' - t_\infty} = e^{-(1-\varphi)w}. \tag{151b}$$

Hierin ist w gemäß Gl. (67) als Austauschfaktor:

$$w = \frac{k F}{q_1 \gamma_1 c_1}$$

und die Asymptotentemperatur t_∞ gemäß Gl. (77):

$$t_\infty = \frac{t_1' - \varphi t_1}{1 - \varphi}$$

einzusetzen. Beide Gleichungen werden für einen gegebenen Wert durch eine gemeinsame Exponentialkurve dargestellt. Alle Kurven konvergieren für $w = \infty$, also für unendlich große Kühlfläche $F = \infty$, nach $y = 0$ und $y' = 0$, das heißt nach dem Temperaturverhältnis y bzw. y' mit $t = t_\infty$ bzw. $t' = t_\infty$.

Die stärkste Neigung im Punkte ($w = 0$, $y = 1$):

$$\left(\frac{dy}{dw}\right)_{w=0} = -(1 - \varphi)$$

besitzt die Exponentialkurve für $\varphi = 0$, d. h. die Kurve für unendlich große Kühlwassermenge. Jeder Punkt der Darstellungsebene von Abb. 19 stellt die drei zu einem System thermodynamisch ähnlicher Kühler gehörenden Kenngrößen y ($= y'$), φ und w dar. Z. B. ist der Ähnlichkeitspunkt für die beiden oben berechneten Kühler der Punkt P mit den Kenngrößen:

$$y = y' = 0{,}178$$
$$\varphi = 0{,}6,$$
$$w = 4{,}4.$$

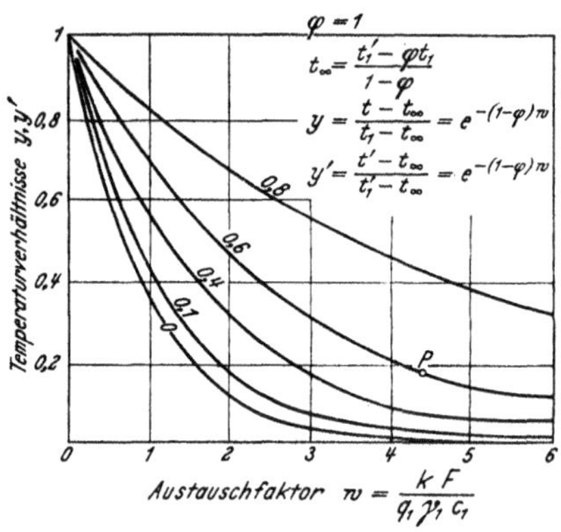

Abb. 19. Abhängigkeit der Temperaturverhältnisse y, y' vom Austauschfaktor w (Kühler) $\varphi < 1$.

In der Praxis wird meistens t_1, t_1' und t_2 gegeben sein. Alsdann wählt man φ und berechnet mit t_1, t_1' und φ die Asymptotentemperatur t_∞. Aus t_1, t_∞ und t_2 bestimmt man y und findet aus Abb. 19 zu diesem y und φ das zugehörige w.

b) Zahlenbeispiel für einen Anwärmer.

Für den Anwärmer ist $q_1 \gamma_1 c_1 > q_2 \gamma_2 c_2$ und somit $\varphi > 1$. Aus den Gln. (81) und (82) ergeben sich ähnliche Beziehungen wie beim Kühler:

$$\left.\begin{aligned}
&\text{a)}\quad y = \frac{t_\infty - t}{t_\infty - t_1},\\
&\text{b)}\quad y' = \frac{t_\infty - t'}{t_\infty - t_1'},\\
&\text{c)}\quad t_\infty = \frac{t_1 \varphi - t_1'}{\varphi - 1},\\
&\text{d)}\quad w = \frac{k F}{q_1 \gamma_1 c_1},\\
&\text{e)}\quad \varphi = \frac{q_1 \gamma_1 c_1}{q_2 \gamma_2 c_2}.
\end{aligned}\right\} \qquad (152)$$

Auf Abb. 20 sind die Temperaturen t_2, t_2' in Abhängigkeit von der Anwärmfläche F in m^2 aufgetragen. Die heiße Flüssigkeit strömt mit der hohen Temperatur t_2 durch den Anwärmer und verläßt ihn mit der

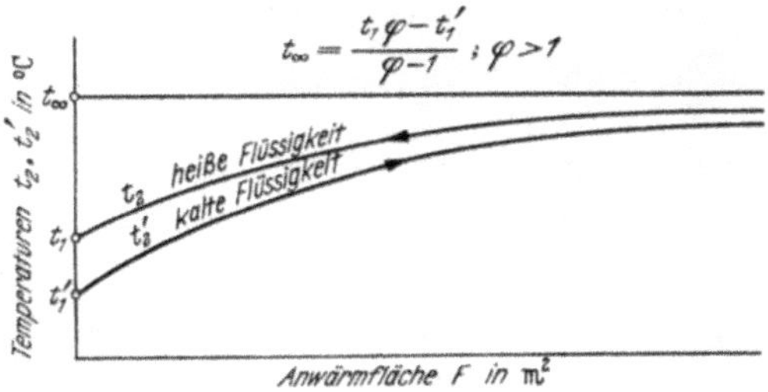

Abb. 20. Temperatur in Abhängigkeit von der Anwärmfläche ($\varphi > 1$).

Temperatur t_1. Die kalte Flüssigkeit läuft dem Anwärmer mit der Temperatur t_1' zu und verläßt ihn mit der hohen Temperatur t_2'. Mit größer werdender Anwärmfläche nähern sich die Temperaturen t_2' und t_2 der Asymptotentemperatur t_∞.

Um nun an einem Zahlenbeispiel die Rechnung mit Ähnlichkeitskenngrößen zu zeigen, sollen für einen Benzolanwärmer die maßgebenden Temperaturen aus Gl. (152) und Abb. 21 bestimmt werden:

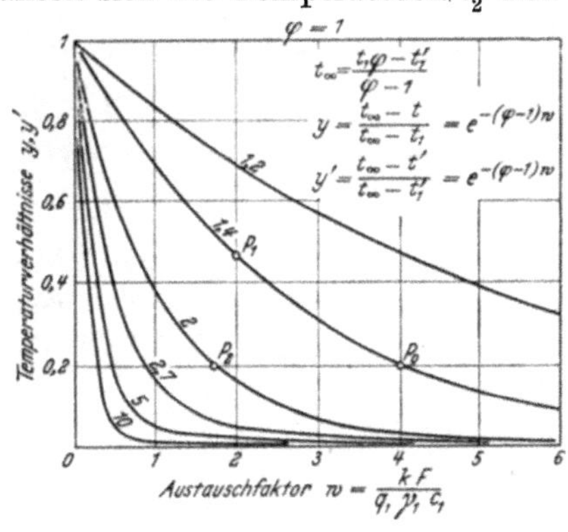

Abb. 21. Abhängigkeit der Temperaturverhältnisse yy' vom Austauschfaktor w (Anwärmer) $\varphi > 1$.

$q_2 = 4{,}72\ m^3/h$ kaltes Benzol von $t_1' = 25°$ C mögen durch $2{,}5\ m^3/h$ heißes Wasser von $t_2 = 80°$ C erwärmt werden. Die Anwärmfläche des Gegenstromanwärmers soll $F = 20\ m^2$, die Wärmedurchgangszahl $k = 500$ kcal/m² h° C betragen. Wie groß sind die Temperaturen t_1, t_2', t_∞?

Lösung: Aus den gegebenen Größen q_2, γ_2, c_2 und q_1, γ_1, c_1 errechnet man:

$$q_2 \gamma_2 c_2 = 4{,}72 \cdot 880 \cdot 0{,}43 = 1790 \text{ kcal/h° C},$$

$$q_1 \gamma_1 c_1 = 2{,}5 \cdot 1000 \cdot 1 = 2500 \text{ kcal/h ° C}.$$

Hiermit findet man aus Gl. (152e):

$$\varphi = \frac{q_1 \gamma_1 c_1}{q_2 \gamma_2 c_2} = \frac{2500}{1790} = 1{,}4.$$

Ferner kann man aus k, F und $q_1 \gamma_1 c_1$ mit Hilfe von Gl. (152d) errechnen:

$$w = \frac{k F}{q_1 \gamma_1 c_1} = \frac{500 \cdot 20}{2500} = 4.$$

Durch $\varphi = 1{,}4$ und $w = 4$ ist nach Abb. 21 der Punkt P_0 im $y = f(w)$-Diagramm bestimmt. Man liest aus der Abbildung ab:

$$y = \frac{t_\infty - t_2}{t_\infty - t_1} = \frac{t_\infty - 80}{t_\infty - t_1} = 0{,}2, \tag{152a}$$

$$y' = \frac{t_\infty - t_2'}{t_\infty - 25} = 0{,}2. \tag{152b}$$

Als dritte Gleichung benutzt man Gl. (152c):

$$t_\infty = \frac{t_1 \varphi - t_1'}{\varphi - 1} = \frac{t_1 \cdot 1{,}4 - 25}{0{,}4}. \tag{152c}$$

In diesen drei Gleichungen sind die drei Unbekannten t_1, t_2', t_∞ enthalten. Nach Auflösung findet man:

$$t_1 = 43{,}4^\circ\ \mathrm{C},$$
$$t_\infty = 89^\circ\ \mathrm{C},$$
$$t_2' = 76{,}2^\circ\ \mathrm{C}.$$

Alle diesem Anwärmer ähnlichen besitzen die gemeinsamen dimensionslosen Ähnlichkeitskenngrößen:

$$\varphi = 1{,}4,$$
$$w = 4,$$
$$y = y' = 0{,}2.$$

Läßt man $\varphi = 1{,}4$ konstant und verkleinert w durch Verminderung der Anwärmfläche von $F = 20\ \mathrm{m}^2$ auf $F = 10\ \mathrm{m}^2$, so wird $w = 2$ und nach Abb. 21 $y = y' = 0{,}45$ (Punkt P_1). Man findet alsdann:

$$t_1 = 48{,}2^\circ\ \mathrm{C}\ \text{statt}\ 43{,}4^\circ\ \mathrm{C},$$
$$t_\infty = 106^\circ\ \mathrm{C}\ \text{statt}\ 89^\circ\ \mathrm{C},$$
$$t_2' = 69{,}6^\circ\ \mathrm{C}\ \text{statt}\ 76{,}2^\circ\ \mathrm{C}.$$

Man erwärmt also das kalte Benzol um 7° C weniger und kühlt das heiße Wasser um 5° C weniger ab.

Erhöht man jedoch φ von 1,4 auf 2 dadurch, daß man $q_1\, \gamma_1\, c_1$ von 2500 auf 3580 vergrößert bei gleichem Wert von $y = y' = 0{,}2$, so wird $w = 1{,}61$ und $F = 11{,}5\ \mathrm{m}^2$ (Punkt P_2). Hiermit findet man die Temperaturen:

$$t_1 = 55{,}5\ ^\circ\mathrm{C},$$
$$t_\infty = 86^\circ\ \mathrm{C},$$
$$t_2' = 73{,}8^\circ\ \mathrm{C}.$$

Durch ein Tripel dimensionsloser Ähnlichkeitskenngrößen $y(y')$, φ und w wird also ein Ähnlichkeitspunkt P auch im Temperatur-Austauschfaktor-Diagramm für den Anwärmer ($\varphi > 1$) festgelegt. Jeder Punkt P ist ein Darstellungspunkt für eine ganze Familie thermodynamisch ähnlicher Anwärmer.

c) Zahlenbeispiel für einen Wärmeaustauscher.

Beim Wärmeaustauscher, für den $q_1 \gamma_1 c_1 = q_2 \gamma_2 c_2 = q \gamma c$ ist, gelten die Formeln (83) und (84). Die Formeln sollen nochmals ausführlich angeschrieben werden:

$$\left.\begin{aligned} &\text{a)}\ \vartheta = \frac{t_1 - t_2}{t_1 - t_1'} = \frac{k F}{q \gamma c} = w \\ &\text{b)}\ \vartheta' = \frac{t_1' - t_2'}{t_1 - t_1'} = \frac{k F}{q c \gamma} = w. \end{aligned}\right\} \qquad (153)$$

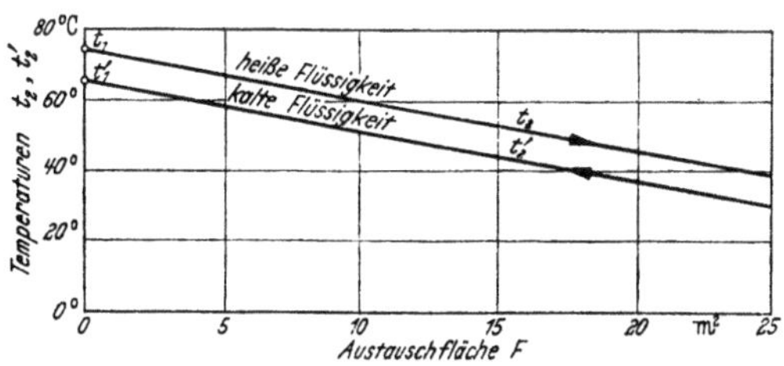

Abb. 22. Temperatur in Abhängigkeit von der Austauschfläche ($\varphi = 1$).

In Abb. 22 sind die Temperaturen t_2 und t_2' in Abhängigkeit von der Austauschfläche F als gerade Linien gezeichnet. Auf Abb. 23 sind die dimensionslosen Ähnlichkeitsgrößen:

$$\vartheta = \frac{t_1 - t_2}{t_1 - t_1'}$$

und

$$\vartheta' = \frac{t_1' - t_2'}{t_1 - t_1'}$$

in Abhängigkeit von der Kenngröße $w = k F / q \gamma c$ aufgetragen. Die darstellende Kurve ist hier die von O bis P_0 unter 45° verlaufende Gerade. An einem einfachen Zahlenbeispiel soll der Gang der Rechnung vorgeführt werden: $q = 4{,}72\ \text{m}^3/\text{h}$ heißes Benzol ($\gamma = 880\ \text{kg/m}^3$, $c_p = 0{,}43\ \text{kcal/kg}\ {}^\circ\text{C}$) von $t_1 = 75^\circ$ C Eintrittstemperatur sollen in einem Gegenstrom-Wärmeaustauscher von $F = 20\ \text{m}^2$ Austauschfläche $q = 4{,}72\ \text{m}^3/\text{h}$ kaltes Benzol bis auf $t_1' = 70^\circ$ C anwärmen. Die Wärmedurchgangszahl beträgt $k = 500\ \text{kcal/m}^2\,\text{h}\ {}^\circ\text{C}$. Wie groß darf die Eintrittstemperatur t_2' des kalten Benzols sein? Bis zu welcher Temperatur t_2 kühlt sich das heiße Benzol ab?

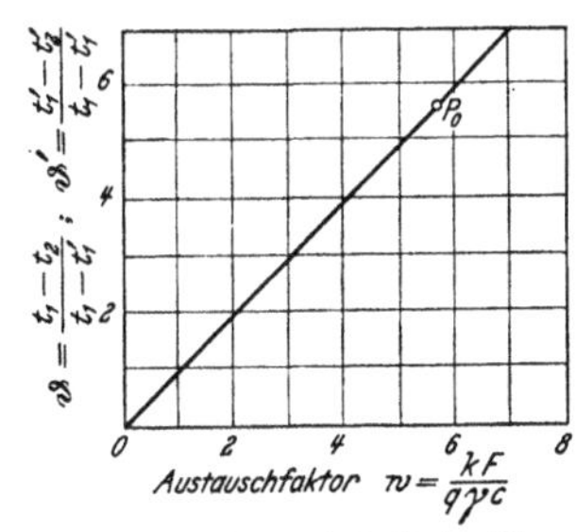

Abb. 23. Abhängigkeit der Temperaturverhältnisse ϑ, ϑ' vom Austauschfaktor w (Austauscher $\varphi = 1$).

Lösung: Aus q, γ und c_p errechnet man:

$$q \cdot \gamma \cdot c = 4{,}72 \cdot 880 \cdot 0{,}43 = 1790\ \text{kcal/h}\ {}^\circ\text{C}.$$

Den Austauschfaktor w findet man:

$$w = \frac{k F}{q \gamma c} = \frac{500 \cdot 20}{1790} = 5{,}58.$$

Ferner folgt aus Gl. (153a):

$$\frac{t_1 - t_2}{t_1 - t_1'} = \frac{75 - t_2}{75 - 70} = 5{,}58.$$

Hieraus: $$t_2 = 47{,}1^\circ \text{ C}.$$

Aus Gl. (153b) findet man:

$$\frac{t_1' - t_2'}{t_1 - t_1'} = \frac{70 - t_2'}{75 - 70} = 5{,}58,$$

$$t_2' = 42{,}1^\circ \text{ C}.$$

Auf Abb. 23 im Temperaturverhältnis-Austauschfaktor-Diagramm wird der Wärmeaustauscher durch den Ähnlichkeitspunkt P_0 dargestellt.

Während beim Kühler ($\varphi < 1$, Abb. 19) und beim Anwärmer ($\varphi > 1$, Abb. 21) die Menge der Ähnlichkeitspunkte P eine Fläche bedeckt, liegen beim Wärmeaustauscher ($\varphi = 1$, Abb. 23) diese Punkte auf einer Geraden. Die Mannigfaltigkeit in der Wahl der Bedingungen für den Wärmeaustauscher ist also viel geringer als die für den Kühler und den Anwärmer.

d) Der allgemeine Wärme- und Stoffaustausch im Lichte der thermodynamischen Ähnlichkeit.

An einigen Beispielen soll gezeigt werden, daß ganz allgemein der gesamte Wärme- und Stoffaustausch, wie bereits oben erläutert, wegen der Gültigkeit des 2. Hauptsatzes auf gleichgestaltete Ähnlichkeitskenngrößen zurückgeführt werden kann. Die Betrachtungen sollen an die soeben besprochenen Gegenstromkühler, Anwärmer und Wärmeaustauscher anknüpfen. Bei den Kühlern gibt die im *Längsstrom* entlang der Elementaraustauschfläche dF strömende heiße Flüssigkeit die Elementarwärmemenge $(q_1 \gamma_1 c_1)\, dt$ ab und nimmt die kalte Flüssigkeit die Elementarwärmemenge $(q_2 \gamma_2 c_2)\, dt'$ auf. Dadurch erniedrigt sich auf diesem Wege die Enthalpie der heißen und erhöht sich die Enthalpie der kalten Flüssigkeit nach dem ersten Hauptsatz um den gleichen Betrag. Diese Wärmemenge strömt unter Entropieverlust entsprechend dem zweiten Hauptsatz im *Querstrom* durch die Elementaraustauschfläche dF von der heißen Flüssigkeit mit der höheren Temperatur t zu der kalten mit der tieferen Temperatur t'. Die im *Querstrom* stündlich pro Temperaturgrad übergehende Elementar-Wärmemenge zu der im *Längsstrom* stündlich pro Temperaturgrad von der heißen

Flüssigkeit abgegebenen Wärmemenge, also das Verhältnis

$$\frac{k\,d\,F}{q_1\,\gamma_1\,c_1} = d\left(\frac{k\,F}{q_1\,\gamma_1\,c_1}\right) = dw$$

stellt, mit negativem Vorzeichen versehen, zugleich auch die differentiale Abnahme der Temperatur der heißen Flüssigkeit dt zu dem treibenden Temperaturgefälle $(t - t')$ zwischen heißer und kalter Flüssigkeit dar, also

$$\frac{dt}{t-t'} = -\,d\left(\frac{k\,F}{q_1\,\gamma_1\,c_1}\right) = -\,dw_1. \tag{154}$$

Ebenso ist für die kalte Seite:

$$\frac{dt'}{t-t'} = -\,d\left(\frac{k\,F}{q_2\,\gamma_2\,c_2}\right) = -\,dw_2. \tag{155}$$

Das Verhältnis der Temperaturabnahme dt (bzw. dt') zum treibenden Temperaturgefälle $(t - t')$ bestimmt die Änderung der Größen w_1 bzw. w_2. Mit zunehmendem Temperaturunterschied $(t - t')$ werden zwar die Änderungen der Austauschfläche um so kleiner, aber zugleich wegen Vergrößerung der Nichtumkehrbarkeiten werden die entstehenden Entropieverluste um so größer. Auf der linken Seite der oberen beiden Gleichungen steht die sich auf die „intensive" Größe der Temperatur t beziehende Änderung, auf der rechten Seite die sich auf die „extensiven" Größen von Mengen und Flächen beziehende Änderung. Die rechte Größe w soll für die nun folgende Betrachtungsweise etwas umgestaltet werden. Bezeichnet man die Querschnitte und die Strömungsgeschwindigkeiten in der heißen Flüssigkeit mit f_1, v_1 und in der kalten mit f_2, v_2, so wird:

$$w_1 = \left(\frac{\frac{k}{\gamma_1 c_1}}{v_1}\right)\cdot\left(\frac{F}{f_1}\right) = \left(\frac{V_1}{v_1}\right)\cdot\left(\frac{F}{f_1}\right), \tag{156}$$

$$w_2 = \left(\frac{\frac{k}{\gamma_2 c_2}}{v_2}\right)\cdot\left(\frac{F}{f_2}\right) = \left(\frac{V_2}{v_2}\right)\cdot\left(\frac{F}{f_2}\right). \tag{157}$$

Die dimensionslosen Ähnlichkeitskenngrößen w_1 und w_2 sind also das Produkt zweier anderer Ähnlichkeitskenngrößen, der Geschwindigkeitskenngröße $\left(\frac{V_1}{v_1}\right)$ bzw. $\left(\frac{V_2}{v_2}\right)$ und der Flächenkenngröße $\left(\frac{F}{f_1}\right)$ bzw. $\left(\frac{F}{f_2}\right)$. Die Geschwindigkeitskenngröße drückt das Verhältnis der im *Querstrom* durch die Austauschfläche F strömenden zu der im *Längsstrom* durch die Querschnittsfläche f strömenden Menge aus. Während beim Wärmeaustausch die treibende Größe durch das Temperaturverhältnis $dt/(t - t')$ bzw. $dt'/(t - t')$ dargestellt wird, wird bei den anderen Austauscharten der Destillation, Extraktion usw. die treibende Größe durch ein Teildruckverhältnis $dp/(p - p')$ oder durch ein Konzentrationsverhältnis $dc/(c - c')$ wiedergegeben. Beim Wärmeaustausch sind die beiden Phasen die heiße und die kalte Flüssigkeit, beim Stoffaustausch der Destillation die Dampfphase und die Flüssigkeitsphase oder bei der Extraktion die beiden Schichten von sich nicht lösenden Flüssigkeiten. Grundsätzlich gilt für alle diese Wärme- und Stoffübergänge[1] das gleiche durch Gl. (154) und Gl. (155) ausgedrückte Grundgesetz.

e) Ähnlichkeitskenngrößenermittlung für Füllkörpersäulen.

Im folgenden soll gezeigt werden, wie nach dem allgemeinen Ähnlichkeitsgrundsatz für die Ausführung von Versuchen an Füllkörpersäulen wichtige Ähnlichkeitskenngrößen aufgestellt werden können. Man muß hierbei ausgehen von der symbolischen physikalischen Gleichung der in Frage kommenden Maßgrößen. Diese lautet:

$$F\,(\underbrace{d, H, \delta, a}_{\text{Längen- und Flächengrößen}} \quad \underbrace{\Delta p, w, \varrho, \nu, \gamma}_{\text{Phase I}} \quad \underbrace{\sigma, \varrho', \nu', \gamma'}_{\text{Phase II}} \quad \underbrace{\Delta p', K}_{\text{Übergang zwischen I u. II.}}) = 0 \qquad (158)$$

Die einzelnen Buchstaben haben hierin folgende Bedeutung:

d Säulendurchmesser in m,
H Säulenhöhe in m,
δ Füllkörperabmessung in m,
a spezifische Austauschfläche in m^2/m^3,
Δp Längsdruckabfall in kg/m^2,
w Durchströmgeschwindigkeit von Phase I (Dampf) in m/s,
$\varrho = \gamma/g$ = spez. Masse (Dichte) des Dampfes (Phase I) in kgs^2/m^4,
ν kinematische Zähigkeit von Phase I in m^2/s,
γ spez. Gewicht von Phase I in kg/m^3,
σ Berieselungsdichte der Phase II in m^3/m^2s,
$\varrho' = \gamma'/g$ = spez. Masse der Flüssigkeit (Phase II) in kgs^2/m^4,
ν' kinematische Zähigkeit von Phase II in m^2/s,
γ' spez. Gewicht von Phase II in kg/m^3,
$\Delta p'$ Druckgefälle des übergehenden Stoffes zwischen Phase I und II in kg/m^2,
K Übergangsgeschwindigkeit des übergehenden Stoffes zwischen Phase I und II in m/s.

Um die Maßgrößenbeziehung (158) in eine Gleichung mit dimensionslosen Ähnlichkeitskenngrößen umzuformen, wählt man zunächst drei geeignete Bestimmungsgrößen für das vorliegende dynamische Problem. Zweckmäßigerweise benutzt man:

für die Länge d [m],
für die Kraft Δp [kg/m^2],
für die Zeit w [m/s].

[1] Matz, W.: Die Thermodynamik des Wärme- und Stoffaustausches in der Verfahrenstechnik, S. 30. Darmstadt: Steinkopff 1949.

Aus den 15 Maßgrößen der Gl. (158) erhält man 15—3 = 12 Ähnlichkeits-Potenzprodukte folgender Art:

$$\begin{aligned}
K_1 &= H \cdot d^{x_1} \cdot w^{y_1} \cdot (\Delta p)^{z_1}\,,\\
K_2 &= \delta \cdot d^{x_2} \cdot w^{y_2} \cdot (\Delta p)^{z_2}\,,\\
K_3 &= a \cdot d^{x_3} \cdot w^{y_3} \cdot (\Delta p)^{z_3}\,,\\
K_4 &= \varrho \cdot d^{x_4} \cdot w^{y_4} \cdot (\Delta p)^{z_4}\,,\\
K_5 &= \nu \cdot d^{x_5} \cdot w^{y_5} \cdot (\Delta p)^{z_5}\,,\\
K_6 &= \gamma \cdot d^{x_6} \cdot w^{y_6} \cdot (\Delta p)^{z_6}\,,\\
K_7 &= \sigma \cdot d^{x_7} \cdot w^{y_7} \cdot (\Delta p)^{z_7}\,,\\
K_8 &= \varrho' \cdot d^{x_8} \cdot w^{y_8} \cdot (\Delta p)^{z_8}\,.\\
K_9 &= \nu' \cdot d^{x_9} \cdot w^{y_9} \cdot (\Delta p)^{z_9}\,,\\
K_{10} &= \gamma' \cdot d^{x_{10}} \cdot w^{y_{10}} \cdot (\Delta p)^{z_{10}},\\
K_{11} &= \Delta p' \cdot d^{x_{11}} \cdot w^{y_{11}} \cdot (\Delta p)^{z_{11}},\\
K_{12} &= K \cdot d^{x_{12}} \cdot w^{y_{12}} \cdot (\Delta p)^{z_{12}}.
\end{aligned}$$

Wie bereits früher gezeigt wurde, bestimmt man aus den Dimensionsbilanzen die einzelnen Kenngrößen und erhält nach einigen leichten Umformungen die folgende Ähnlichkeits-Kenngrößengleichung:

$$f\Big(\underbrace{\frac{H}{d}, \frac{\delta}{d}, (a\,H),}_{\substack{\text{Längen und}\\ \text{Flächengrößen}}}\ \underbrace{\frac{\varrho\,w^2}{\Delta p}, \frac{d w}{\nu}, \frac{\gamma\,d}{\Delta p},}_{\text{Phase I}}\ \underbrace{\frac{\sigma}{w}, \frac{\varrho'}{\varrho}, \frac{\nu'}{\nu}, \frac{\gamma'}{\gamma},}_{\text{Phase II}}\ \underbrace{\frac{\Delta p}{\Delta p'}, \frac{K}{w}}_{\substack{\text{Über-}\\ \text{gang}}}\Big) = 0 \qquad (159)$$

Längen- und Flächenkenngrößen. Die ersten drei, H/d, δ/d und $(a\,H)$ sind Kenngrößen rein geometrischer Natur, die das Verhältnis von Höhe H zu Durchmesser d der Säule, das Verhältnis der Füllkörpergröße δ zum Säulendurchmesser d und das Verhältnis der meßbaren Gesamtaustauschfläche $f \cdot H \cdot a$ zur Querschnittsfläche f der Säule bezeichnen. In diesen Größen ist nur die Dimension $[m]$ enthalten.

Kenngrößen der Phase I. Die vierte, fünfte und sechste Kenngröße beziehen sich auf die Phase I und geben Auskunft über den Einfluß der Trägheitskraft (Newtonsche Größe) der Zähigkeitskraft (Reynoldssche Größe) und der Schwerkraft (Froudesche Größe). Multipliziert man die Newtonsche Ähnlichkeitskenngröße $\varrho\,w^2/\Delta p$ mit der geometrischen H/d, so erhält man wiederum eine dimensionslose Kenngröße:

$$K_4' = \frac{H}{d} \cdot \frac{\varrho\,w^2}{\Delta p}$$

und hieraus:
$$\Delta p = \frac{1}{K_4'} \cdot \frac{H}{d} \cdot \varrho\, w^2.$$

Diese Gleichung kann man noch umformen in:
$$\Delta p \cdot \frac{2}{K_4'} \cdot \frac{H}{d} \cdot \frac{w^2}{2\,g} \cdot \gamma = \zeta \cdot \frac{H}{d} \cdot \frac{w^2}{2\,g} \cdot \gamma. \tag{160}$$

Dies ist die bekannte Druckverlustgleichung, die für die Strömung beim Wärme- und Stoffaustausch von grundlegender Bedeutung geworden ist. Davon, daß $\varrho\, w^2/\Delta p$ wirklich die NEWTONsche Kenngröße ist, kann man sich leicht durch Aufstellung der Maßstabsgleichung überzeugen. Es gilt nämlich für zwei modellähnliche Vorgänge 1 und 2:
$$\frac{\varrho_1\, w_1^2}{(\Delta p)_1} = \frac{\varrho_2\, w_2^2}{(\Delta p)_2}$$
oder
$$\frac{\varrho_1}{\varrho_2}\left(\frac{w_1}{w_2}\right)^2 = \frac{(\Delta p)_1}{(\Delta p)_2}$$
oder nach Einführung der Maßstabsgrößen λ, $\varkappa$, τ, δ erhält man:
$$\delta \cdot \left(\frac{\lambda}{\tau}\right)^2 = \frac{\varkappa}{\lambda^2},$$
$$\varkappa = \delta \cdot \frac{\lambda^4}{\tau^2}. \tag{161}$$

Dies ist aber die NEWTONsche Ähnlichkeitsgleichung (22). Die Größe dw/ν ist die REYNOLDSsche Kenngröße und ergibt bei gleichem Stoff für Modell und Hauptausführung die Maßstabbedingung:
$$d_1\, w_1 = d_2\, w_2,$$
$$\frac{d_1}{d_2} = \frac{w_2}{w_1},$$
$$\lambda = \tau/\lambda,$$
$$\tau = \lambda^2. \tag{162}$$

Die Kenngröße $\gamma\, d/\Delta p$ liefert die Bedingung:
$$\frac{\gamma_1\, d_1}{(\Delta p)_1} = \frac{\gamma_2\, d_2}{(\Delta p)_2},$$
$$\frac{\gamma_1}{\gamma_2} \cdot \frac{d_1}{d_2} = \frac{\Delta p_1}{\Delta p_2}.$$

Für $\gamma_1 = \gamma_2$ wird nach Einführung der Maßstabgrößen $\varkappa$, λ:
$$\lambda = \frac{\varkappa}{\lambda^2}$$
$$\varkappa = \lambda^3.$$

Setzt man diesen Wert in Gl. (161) ein, so folgt:
$$\tau^2 = \lambda. \tag{163}$$

Gl. (162) und Gl. (163) können zu gleicher Zeit nicht erfüllt werden. Würde man beispielsweise im Modell eine Geschwindigkeit $w_2 = 0{,}5$ m/s ausführen, so müßte nach dem REYNOLDSschen Gesetz Gl. (162)

$$\frac{w_1}{w_2} = \frac{\lambda}{\tau} = \frac{1}{\lambda}$$

sein oder für $\lambda = 10$ die Geschwindigkeit w_1 der Hauptausführung

$$w_1 = \frac{1}{10} w_2 = 0{,}05 \text{ m/s}$$

werden. Nach dem FROUDEschen Gesetz Gl. (163) müßte sein:

$$\frac{w_1}{w_2} = \frac{\lambda}{\tau} = \frac{\lambda}{\sqrt{\lambda}} = \sqrt{\lambda} = \sqrt{10} = 3{,}16$$

und

$$w_1 = 3{,}16 \cdot 0{,}5 = 1{,}58 \text{ m/s}.$$

Der Druckverlust Δp nach Gl. (160) würde demnach bei Berücksichtigung des REYNOLDSschen und FROUDEschen Gesetzes kleiner sein müssen als bei Berücksichtigung des FROUDEschen allein. In der Praxis findet diese Tatsache darin ihren Ausdruck, daß der Exponent von w in Gl. (160) kleiner als 2 sein muß und zwar umso kleiner, je mehr die Zähigkeit zu berücksichtigen ist. Da bei kleineren Füllkörpern der Einfluß der Flüssigkeit und somit der Zähigkeit [ν'/ν in Gl. (159)] infolge besserer Benetzung mehr zur Geltung kommt als bei größeren, so muß bei kleineren Füllkörpern der Exponent mehr von 2 abweichen als bei größeren. Dies hat auch E. MACH[1] in seinen Versuchen festgestellt.

Kenngrößen der Phase II. Die Kenngrößen der Phase II sind σ/w, ϱ'/ϱ, ν'/ν und γ'/γ. Die Größe σ/w ist K_7 und bedeutet das Verhältnis der Berieselungsdichte σ in [m^3/m^2s] oder [m/s] zur Durchströmungsgeschwindigkeit w in [m/s] der Phase I. Die Kenngrößen $\varrho'/\varrho = K_8/K_4$, $\nu'/\nu = K_9/K_5$ und $\gamma'/\gamma = K_{10}/K_6$ stellen wieder die NEWTONsche, REYNOLDSsche und FROUDEsche Ähnlichkeitskenngröße vor und kennzeichnen das Verhältnis entsprechender Größen der Phase II zu denen der Phase I.

Kenngrößen des Überganges von Phase I zu Phase II. Als Übergangsgrößen sind die beiden Kenngrößen $\Delta p/\Delta p'$ und K/w zu bezeichnen. Die letztere gibt das Verhältnis der Austauschgeschwindigkeit K zur Durchströmgeschwindigkeit w von Phase I an. $\Delta p/\Delta p'$ ist das Verhältnis des Druckverlustes in der Säule zu dem Druckgefälle des übergehenden Stoffes, auf dieselbe Säulenhöhe bezogen. Diese Kenngröße ist zugleich ein Maß für die oben erwähnte Zahl $N = \int dy/(y_0 - y)$ und steht mit der dimensionslosen Zahl K/w und (aH) in einfacher Beziehung für den

---

[1] MACH, E.: Druckverluste und Belastungsgrenzen von Füllkörpersäulen, VDI-Forschungsheft 375 (1935).

Wärme- und Stoffübergang. Die anderen Kenngrößen sind mit diesen nicht durch eine einfache Gleichung verbunden, sondern ihre Beziehung untereinander muß durch Versuche ermittelt werden. Eine unvollständige Ähnlichkeit kann hierbei durch richtige Wahl des Exponenten von w in Gl. (160) berücksichtigt werden.

Bei Glockenbödensäulen ist noch das Aufsteigen von Blasen oder Tropfen in Flüssigkeiten maßgebend. Deshalb spielt dann die GRASHOFsche Zahl

$$Gr = \frac{l^3\, g\, (\gamma - \gamma')}{\nu^2 \cdot \gamma} \tag{164}$$

eine Rolle.

4. Ähnlichkeit bei chemotechnischen Vorgängen.

a) Fraktionierte Prozesse.

Die chemotechnischen Reaktionen werden häufig von Vermischungs- und Entmischungsvorgängen der Gase und Dämpfe begleitet. Diese Vorgänge sind Erscheinungen rein physikalischer Art und sollen zunächst vor den chemischen Reaktionen vom Standpunkt der Ähnlichkeit aus besprochen werden. Insbesondere haben die fraktionierten Prozesse eine wichtige Bedeutung in den verfahrenstechnischen Industrien gewonnen. Hier spielt das Gleichgewicht zwischen zwei Phasen eine Rolle, von denen im einfachsten Falle jede eine Mischung von zwei Molekülen enthält. Die beiden Phasen können fest und flüssig wie bei der Kristallisation und Adsorption, flüssig und gasförmig wie bei der Destillation, flüssig und flüssig wie bei der Extraktion oder fest und gasförmig wie bei der Adsorption sein. Die Erörterungen sollen am Beispiel der Destillation von Zweistoffgemischen durchgeführt werden. Auf Abb. 24 ist im Schema eine Gleichgewichtskurve eines Zweistoff-Flüssigkeitsgemisches bei konstanter Temperatur dargestellt. Die Abszissen x geben den Gehalt an Leichtsiedendem in der Flüssigkeit als Molenbruch, die Ordinaten y den Gehalt an Leichtsiedendem im Dampf als Molenbruch an. Die isotherme Destillationssäule möge 8 Stufen (oder 8 Böden) besitzen. Die Böden werden von oben nach unten wachsend gezählt, so daß sich der erste Boden $(1 - 1')$ oben, der achte

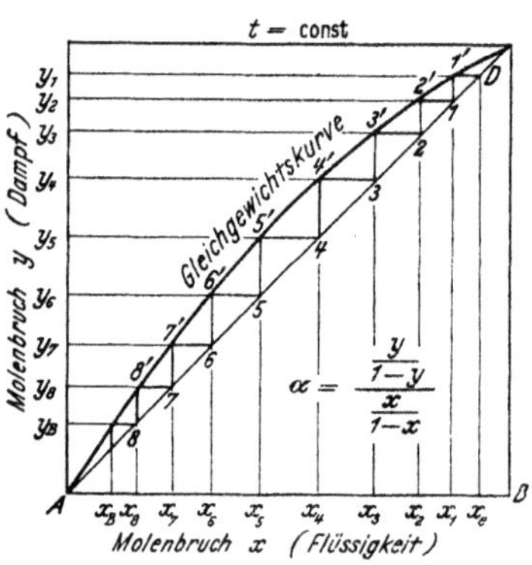

Abb. 24. Gleichgewichtskurve und Trennfaktor α für Ideal-Gemisch (konstante Temperatur).

(8 — 8′) unten in der Säule über der Blase befindet. Bei dieser isothermen Destillation ändert sich entlang der Säule der Druck. Es möge kein Destillat (x_e) entnommen werden, das Rücklaufverhältnis möge somit $v = \infty$ sein. Auf dem 5. Boden, dessen Flüssigkeitszusammensetzung x beträgt, wird der Gemischdampf von y_6 auf y_5 verstärkt. Das Daltonsche Gesetz für Gasmischungen gilt nun bei niedrigen Drücken auch für den Gemischdampf eines Zweistoffgemisches. Hiernach ist der Gesamtdruck p des Gemischdampfes gleich der Summe der Drücke von Leichtsiedendem p_1 und Schwersiedendem p_2 also:

$$p = p_1 + p_2.$$

Ferner verhalten sich die Teildrücke p_1 und p_2 zueinander wie die Molenbrüche von Leichtsiedendem und Schwersiedendem, also:

$$\frac{p_1}{p_2} = \frac{y}{1-y}.$$

Für die Abhängigkeit der Dampfdrücke p_1 und p_2 von den Flüssigkeitszusammensetzungen x und $(1 - x)$ gilt beim Idealgemisch im Gleichgewichtszustand das Raoultsche Gesetz:

$$p_1 = x \cdot P_1,$$

$$p_2 = (1 - x) \cdot P_2.$$

P_1 und P_2 bedeuten hierbei die Dampfdrücke des Leichtsiedenden und Schwersiedenden bei der entsprechenden Temperatur t. Setzt man diese Werte in die vorige Gleichung ein, so erhält man:

$$\frac{p_1}{p_2} = \frac{\dfrac{y}{1-y}}{\dfrac{x}{1-x}} = \alpha. \tag{165}$$

Die beim Idealgemisch konstante Größe α stellt ein Doppelverhältnis für einen Gleichgewichtszustand bei der betreffenden Temperatur t dar, und zwar das Verhältnis von Molenbruch des Leichtsiedenden y zu Molenbruch des Schwersiedenden $(1 - y)$ in der Dampfphase zum Verhältnis von Molenbruch des Leichtsiedenden x zu Molenbruch des Schwersiedenden $(1 - x)$ in der Flüssigkeitsphase. α hat somit die Bedeutung einerseits einer „Gleichgewichtskonstanten" für das Dampf-Flüssigkeitsgleichgewicht, andrerseits einer „thermodynamischen Ähnlichkeitskenngröße" für die Trennwirkung eines idealen Zweistoffgemisches durch Destillation. Wenn dieser Trennfaktor α als konstant über den gesamten Wirkungsbereich von $x = 0$ bis $x = 1$ angenommen werden kann, so stellt diese Größe ein einfaches Mittel dar, die theoretische Stufenzahl eines gegebenen Fraktionier-Prozesses zu bestimmen.

Dies geht ohne weiteres aus Abb. 24 hervor. Es gelten nämlich:

$$\begin{aligned}
&\text{für die 8. Stufe:} && \frac{y_8}{1-y_8} = \frac{x_7}{1-x_7} = \alpha \cdot \frac{x_8}{1-x_8}, \\
&\text{für die 7. Stufe:} && \frac{y_7}{1-y_7} = \frac{x_6}{1-x_6} = \alpha \cdot \frac{x_7}{1-x_7}. \\
&\text{6. Stufe:} && \frac{y_6}{1-y_6} = \frac{x_5}{1-x_5} = \alpha \cdot \frac{x_6}{1-x_6}, \\
&\quad\vdots && \quad\vdots \qquad\quad \vdots \qquad\qquad \vdots \\
&\text{3. Stufe:} && \frac{y_3}{1-y_3} = \frac{x_2}{1-x_2} = \alpha \cdot \frac{x_3}{1-x_3}, \\
&\text{2. Stufe:} && \frac{y_2}{1-y_2} = \frac{x_1}{1-x_1} = \alpha \cdot \frac{x_2}{1-x_2}.
\end{aligned}$$

Multipliziert man die Glieder der einzelnen Stufen miteinander, so erhält man:

$$\begin{aligned}
&\frac{x_7}{1-x_7} \cdot \frac{x_6}{1-x_6} \cdot \frac{x_5}{1-x_5} \cdots \frac{x_2}{1-x_2} \cdot \frac{x_1}{1-x_1} \\
&= \alpha^7 \cdot \frac{x_8}{1-x_8} \cdot \frac{x_7}{1-x_7} \cdot \frac{x_6}{1-x_6} \cdots \frac{x_3}{1-x_3} \cdot \frac{x_2}{1-x_2}.
\end{aligned}$$

Hieraus folgt nach Kürzung der gleichen Glieder:

$$\frac{x_1}{1-x_1} = \alpha^7 \frac{x_8}{1-x_8}$$

oder

$$\alpha^{8-1} = \frac{\dfrac{x_1}{1-x_1}}{\dfrac{x_8}{1-x_8}} = \alpha^{n-1} \tag{166}$$

x_1 ist die Flüssigkeitszusammensetzung der ersten, x_8 der achten Stufe. Bezeichnet man die Anzahl Mole an Leichtsiedendem in der Flüssigkeit mit N_1, die an Schwersiedendem mit N_2, so ist

$$\begin{aligned}
x_1 &= \left(\frac{N_1}{N_1+N_2}\right)_1, & 1 - x_1 &= \left(\frac{N_2}{N_1+N_2}\right)_1, \\
x_3 &= \left(\frac{N_1}{N_1+N_2}\right)_8, & 1 - x_8 &= \left(\frac{N_2}{N_1+N_2}\right)_8
\end{aligned}$$

und

$$\alpha^{8-1} = \frac{\left(\dfrac{N_1}{N_2}\right)_1}{\left(\dfrac{N_1}{N_2}\right)_8}.$$

Ganz allgemein wird für n beliebige Stufen und der Phase A:

$$\alpha^{n-1} = \frac{\left(\dfrac{N_1}{N_2}\right)_1^A}{\left(\dfrac{N_1}{N_2}\right)_n^A}. \tag{167}$$

Bei der Destillation ist die Phase A die Flüssigkeitsphase, die Phase B die Dampfphase. Die Gleichgewichtskonstante α nach Gl. (165) bestimmt das Aussehen der Gleichgewichtskurve, die nichts anderes als eine Hyperbel ist und auch geschrieben werden kann:

$$\left(\frac{1}{\alpha - 1} + x\right)\left(\frac{\alpha}{\alpha - 1} - y\right) = \frac{\alpha}{(\alpha - 1)^2}\,. \tag{168}$$

Die thermodynamische Ähnlichkeit zweier bei gleicher Temperatur ablaufenden fraktionierten Prozesse findet also ihren Ausdruck einmal in der gleichen „Gleichgewichtskonstanten", das andere Mal in der gleichen „Gleichgewichtskurve". Diese Ausführungen gelten zwar streng nur für fraktionierte Prozesse unter konstanter Temperatur, aber sie lassen sich auch mit einer gewissen Annäherung anwenden auf fraktionierte Prozesse unter konstantem Druck, wenn sich die Anfangs- und Endtemperatur des Verfahrens nicht sehr voneinander unterscheiden. Man kann in einem solchen Fall die Gleichgewichtskonstante und die Gleichgewichtskurve für eine mittlere Temperatur aufstellen[1]. Man erkennt aus diesen Betrachtungen, daß zwei verschiedene Zweistoffgemische mit gleicher Gleichgewichtskonstanten α und demnach auch mit gleicher Gleichgewichtskurve als ähnlich bezeichnet werden können. So besitzen beispielsweise Tetrachlorkohlenstoff-Toluol und Trichloräthylen-Toluol[2] unter einem Druck von 760 mm Hg. S. die gleiche Gleichgewichtskonstante $\alpha = 2{,}4$. Die mit diesem α nach Gl. (168) konstruierte Hyperbel stimmt sehr gut mit der durch Versuche aufgenommenen Gleichgewichtskurve überein. Diese auf der physikalischen Grundlage des Daltonschen und des Gibbsschen Phasengesetzes beruhende Ähnlichkeit rührt her von der chemischen Ähnlichkeit des strukturellen Aufbaues. Beide Gemische bestehen nämlich aus einem Kohlenwasserstoff (C_7H_8) und einer aliphatischen Halogenverbindung (CCl_4 bzw. C_2HCl_3). Bei $n = 7$ theoretischen Stufen könnte beispielsweise für beide Zweistoffgemische die Flüssigkeitskonzentration von 10 Mol.-% in der untersten (7.) auf 95 Mol.-% in der obersten (1.) Stufe unter Rücklaufverhältnis $v = \infty$ verstärkt werden.

b) Chemische Reaktionen.

Wie bei den fraktionierten Prozessen in dem Trennfaktor α eine Ähnlichkeitskenngröße gefunden wurde, so kann auch für die chemischen Reaktionen leicht zur Kennzeichnung des thermodynamischen Gleichgewichtes eine Ähnlichkeitskenngröße ermittelt werden. Da für den Ablauf solcher Vorgänge ebenfalls die beiden Erfahrungsgrund-

[1] Matz, W.: Die Thermodynamik des Wärme- und Stoffaustausches in der Verfahrenstechnik, S. 191. Darmstadt: Steinkopff 1949.

[2] Kirschbaum, E.: Destillier- und Rektifiziertechnik, 2. Aufl. S. 364. Berlin/Göttingen/Heidelberg: Springer 1950.

sätze der Thermodynamik, nämlich der 1. und der 2. Hauptsatz, gelten, so muß die maßgebende Ähnlichkeitskenngröße auf diese beiden Naturgesetze zurückgeführt werden können. Wie bereits oben abgeleitet, spielt bei den chemischen Reaktionen die ,,Gleichgewichtskonstante" unter konstantem Druck K_p eine wichtige Rolle. Sie ist von der Temperatur abhängig und kann als Ähnlichkeitskenngröße für den Grenzzustand des Gleichgewichtes angesehen werden. Verläuft ein Prozeß mit einer Wärmetönung W_p unter konstantem Druck, so gilt für die Änderung des chemischen Gleichgewichtes mit der Temperatur bekanntlich[1] die VAN'T HOFFsche Gleichung:

$$\frac{d \ln K_p}{dT} = \frac{W_p}{A \mathfrak{R} T^2}. \tag{169}$$

In dieser Formel bedeuten:

W_p Wärmetönung in kcal/kmol,

$A \mathfrak{R}$ 1,99 J T kcal/grad kmol,

T absolute Temperatur °K,

$$K_p = \frac{p_1'^{n_1'} \cdot p_2'^{n_2'} \cdot p_3'^{n_3'}}{p_1^{n_1} \cdot p_2^{n_2} \cdot p_3^{n_3}} \cdots = \text{Gleichgewichtskonstante unter gleichem Druck } p$$

$p_1, p_2, p_3 \cdots$ beziehen sich auf die Ausgangsstoffe,

$p_1', p_2', p_3' \cdots$,, ,, ,, ,, Endprodukte.

Die Integration von Gl. (169) ergibt:

$$\ln K_p = -\frac{W_p}{A \mathfrak{R}} \cdot \frac{1}{T} + C_0. \tag{170}$$

C_0 = Integrationskonstante.

Wählt man als Bezugszustand (Normalzustand) denjenigen, bei dem jedes der einzelnen Gase den Druck $p = 1$ besitzt, so ist wegen $p_1 = p_2 = p_3 = p_1' = p_2' = p_3' = 1$ die Gleichgewichtskonstante K_p für diesen Zustand:

$$K_p = 1.$$

Die zugehörige Bezugstemperatur möge hierfür sein:

$$T = T_0.$$

Aus diesen Feststezungen folgt:

$$C_0 = + \frac{W_p}{A \mathfrak{R} T_0}.$$

Somit wird:

$$\ln K_p = \frac{W_p}{A \mathfrak{R} T_0} - \frac{W_p}{A \mathfrak{R} T}. \tag{171}$$

Die Wärmetönung bei konstantem Druck W_p ist nun nichts anderes wie die Enthalpieabnahme ΔJ_0 der reagierenden Stoffe bei konstantem Druck im Bezugszustand und

$$\frac{W_p}{T_0} = \frac{\Delta J_0}{T_0} = \Delta S_0$$

[1] ROSSINI, D.: Chemical Thermodynamics 1950, S. 216 ff.

ist der Wert der Normaländerung an Entropie für die Reaktion. Gl. (171) kann deshalb auch geschrieben werden:

$$\ln K_p = \frac{\Delta S_0}{A\,\mathfrak{R}} - \frac{\Delta J_0}{A\,\mathfrak{R}\,T}\,. \tag{172}$$

Da man ΔJ_0 und ΔS_0 leicht messen kann, läßt sich die Gleichgewichtskonstante K_p leicht ermitteln.

Gl. (172) kann noch geschrieben werden:

$$A\,\mathfrak{R}\,T \ln K_p = \Delta S_0 \cdot T - \Delta J_0.$$

$A\,\mathfrak{R}\,T \ln K_p = -\Delta G$ ist nun gleich der Abnahme der freien Enthalpie (= GIBBSsches thermodynamisches Potential)[1]. Man erkennt sofort den Zusammenhang mit der bekannten Gleichung für die thermodynamische Zustandsgröße:

$$-\Delta G_0 = \Delta S_0 \cdot T - \Delta J_0,$$
$$\Delta G_0 = \Delta J_0 - T\,\Delta S_0,$$
$$\Delta G_0 = \Delta(J_0 - T\,S_0).$$

Die Änderung von G_0 ist in Arbeit verwandelbar, die Änderung von TS_0 wird als Wärme abgeführt. In Gl. (172) haben ΔJ_0 und $A\,\mathfrak{R}\,T$ die Dimension kcal/kmol, so daß $\Delta J_0/A\,\mathfrak{R}\,T$ dimensionslos ist. ΔS_0 und $A\,\mathfrak{R}$ haben die Dimension kcal/grad kmol, so daß $\Delta S_0/A\,\mathfrak{R}$ ebenfalls dimensionslos ist. $\ln K_p$ stellt also eine dimensionslose Ähnlichkeits-Kenngröße dar, die sich aus 2 Komponenten zusammensetzt. Um das Verhalten der Atome bei einer chemischen Reaktion überblicken zu können, schreibt man Gl. (172) am besten in Exponentialform und erhält:

$$K_p = \left(e^{\Delta S_0/A\,\mathfrak{R}}\right) \cdot \left(e^{-\Delta J_0/A\,\mathfrak{R}\,T}\right). \tag{172a}$$

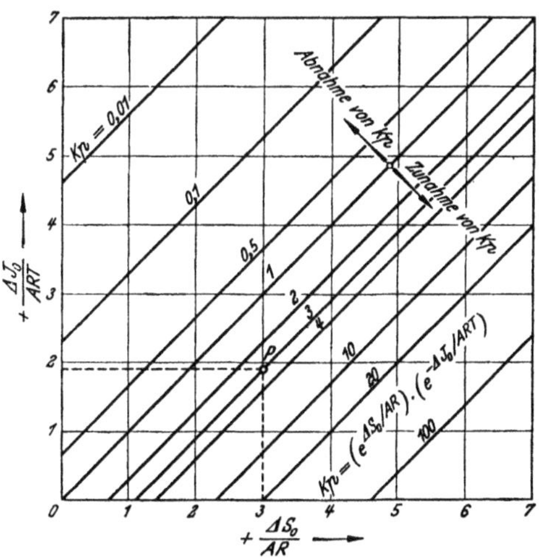

Abb. 25. Darstellung der chemischen Reaktion durch die 3 Kenngrößen: K_p, $\Delta J_0/ART$ und $\Delta S_0/AR$.

In Abb. 25 sind nun Gerade für verschiedene Werte der Gleichgewichtskonstanten K_p in einem Koordinatensystem mit $\Delta J_0/A\,\mathfrak{R}\,T$ als Ordinate und $\Delta S_0/A\,\mathfrak{R}$ als Abszisse gemäß Gl. (172a) aufgetragen. Irgendein Punkt P

[1] LEWIS RANDALL: Thermodynamik, S. 189. Wien: Springer 1927.

der Darstellungsebene ist dann gekennzeichnet durch die drei Ähnlichkeitsgrößen $\Delta J_0/A\,\mathfrak{R}\,T$, $\Delta S_0/A\,\mathfrak{R}$ und K_p. Ist die Gleichgewichtskonstante $K_p = 1$ (Normalzustand), so wird $\Delta J_0/A\,\mathfrak{R}\,T = \Delta S_0/A\,\mathfrak{R}$, d. h. es ist:

$$\Delta J_0 = T \cdot \Delta S_0.$$

Es wird von der Enthalpie keine Arbeit geleiset, $\Delta G_0 = 0$.

Während bei hohen Temperaturen T der Wert $\Delta J_0/A\,\mathfrak{R}\,T$ in Gl. (172a) klein wird und die Größe der Gleichgewichtskonstanten K_p hauptsächlich durch $\Delta S_0/A\,\mathfrak{R}$ bestimmt wird, wird bei niedrigen Temperaturen T der Wert $\Delta J_0/A\,\mathfrak{R}\,T$ groß, so daß dann ΔJ_0 die Gleichgewichtskonstante maßgebend beeinflußt. Nur für $K_p = 1$ sind die von ΔS_0 und die von ΔJ_0 herrührenden Einflüsse gleich, weil nämlich dann die Wärmetönung der reagierenden Stoffe gerade gleich der Änderung der gebundenen Energie $\Delta(T\,S_0)$ wird. Die Reaktion wird nun im allgemeinen so verlaufen, daß die entstehende Molekular-Ordnung einem Größtwert der Entropie S und einem Kleinstwert der Enthalpie J zustrebt. Die größe Entropie wird nun einerseits erreicht bei den Molekularordnungen mit der größten Zahl von Existenzzuständen, wo also die Atome die größte Existenz*freiheit* besitzen. Die geringste Enthalpie andrerseits ist im allgemeinen verknüpft mit denjenigen Molekularordnungen, bei denen die Atome am sichersten eins an das andere gebunden sind. Hierbei besitzen also die Atome die größte Existenz-Sicherheit. Der endgültige Gleichgewichtszustand stellt dann einen Zustand zwischen diesen beiden einander entgegenstehenden Bestrebungen dar, einerseits Maximum-Freiheit und andererseits Maximum-*Sicherheit*[1]. Man erkennt aus diesen Betrachtungen, daß die Gleichgewichtskonstante K_p der chemischen Reaktion keine einfache Ähnlichkeitskenngröße darstellt, sondern aus zwei Komponenten, einer „Sicherheitskenngröße" $\Delta J_0/A\,\mathfrak{R}\,T$ und einer „Freiheitskenngröße" $\Delta S_0/A\,\mathfrak{R}$, zusammengesetzt ist. Daß diese beiden Komponenten-Kenngrößen mit der Gleichgewichtskonstanten durch die e-Funktion verbunden sind, liegt letzten Endes daran, daß die isothermische Kompressions- oder Expansionsarbeit durch die e-Funktion dargestellt wird.

Für die weiteren Betrachtungen soll festgelegt werden, daß die bei *endothermen* Reaktionen von außen zugeführte Wärmeenergie als *positive* Wärmetönung $(+W_p)$ und die bei *exothermen* Reaktionen nach außen abgeführte Wärmemenge als *negative* Wärmetönung $(-W_p)$ gerechnet werden soll. Nach Gl. (169) und nach Abb. 25 muß deshalb bei endothermen Reaktionen unter Erhöhung der Temperatur T die Gleichgewichtskonstane K_p zunehmen. Mit anderen Worten heißt dies, daß mit steigender Temperatur T die Teildrücke der entstehenden

[1] ROSSINI, D.: Chemical Thermodynamics 1950, S. 224.

Stoffe p_1', p_2' .... (Endprodukte) im Gleichgewicht größer werden und daß die Reaktion mit größer werdender Temperatur fortschreitet. Bei negativer Wärmetönung (exotherme Reaktion) muß nach Gl. (169) und Abb. 25 bei Erhöhung der Temperatur T die Gleichgewichtskonstante K_p abnehmen, die Teildrücke der entstehenden Stoffe p_1', p_2' .... im Gleichgewicht kleiner werden und somit ein Zerfall der Reaktionsendprodukte eintreten. Ein Beispiel hierfür bietet die Ammoniaksynthese. Bei dieser Gasreaktion ist:

$$3\,H_2 + N_2 \rightarrow 2\,NH_3.$$

Die Gleichgewichtskonstante hierfür ist:

$$K_p = \frac{p_{NH_3}^2}{p_{H_2}^3 \cdot p_{N_2}}.$$

Mit steigender Temperatur nimmt hier bei der exothermen Gasreaktion die Gleichgewichtskonstante K_p ab[1]:

$$\text{von} \quad K_p = 8{,}9 \cdot 10^{-3} \text{ bei } 300^\circ\text{ C},$$
$$\text{auf} \quad K_p = 1{,}7 \cdot 10^{-8} \text{ bei } 1000^\circ\text{ C}.$$

Hier zeigt die Gleichgewichtskonstante K_p als Ähnlichkeitskenngröße schon beim Modell, daß mit steigender Temperatur im Gleichgewichtsgemisch immer weniger Ammoniakmengen zu finden sind und daß hohe Temperaturen allein nicht zur erfolgreichen Ammoniaksynthese genügen. Die Kenntnis der Verminderung von K_p mit zunehmender Temperatur führt zwangsläufig den Verfahrenschemiker und den Verfahrensingenieur auf den einzig richtigen Weg, der ja dann auch bekanntlich eingeschlagen wurde, die Ausbeute an Ammoniak auf dem Wege der Druckerhöhung zu verbessern.

Bei der Luftverbrennung durch unmittelbare Vereinigung von Sauerstoff und Stickstoff im elektrischen Flammenbogen spielt die Gasreaktion

$$\tfrac{1}{2}\,N_2 + \tfrac{1}{2}\,O_2 = NO$$

eine wichtige Rolle. Bei dieser endothermen Reaktion mit positiver Wärmetönung (nach THOMSEN und BERTHELOT ist $W_p = 21600$ cal/g) muß gemäß Gl. (169) mit zunehmender Temperatur T die Gleichgewichtskonstante K_p wachsen. Deshalb muß auch der Prozentgehalt an NO im Gleichgewichtsgemisch zunehmen. Nach den Gleichgewichtsmessungen von NERNST[2] bei Atmosphärendruck nimmt beim Anwachsen der absoluren Temperatur von $T = 1811°$ auf $T = 2675°$ K die Gleichgewichtskonstante von $K = 0{,}0092$ auf $K = 0{,}0590$ und der Prozent-

[1] ULICH, H.: Chemische Thermodynamik, S. 270. Darmstadt: Steinkopff 1930.
[2] NERNST, W.: Zeitschr. anorg. Chem. Bd. 49 (1906) S. 213.

gehalt (Volumprozent) an NO im Gleichgewichtsgemisch von 0,37 auf 2,23 zu. Ganz allgemein wird die Gleichgewichtskonstante K irgendeiner gegebenen Reaktion, beispielsweise der Gasreaktion:

$$H_2\,(g) + \tfrac{1}{2}\,S_2\,(g) \rightarrow H_2\,S(g),$$

$$K_p = \frac{[H_2S]}{[H_2]\cdot[S_2]^{1/2}}.$$

Wird die Reaktion in umgekehrtem Sinne angeschrieben:

$$H_2\,S(g) \rightarrow H_2\,(g) + \tfrac{1}{2}\,S_2\,(g),$$

so besitzt die Gleichgewichtskonstante K_p den reziproken Wert

$$K_p = \frac{[H_2]\cdot[S_2]^{1/2}}{[H_2S]}.$$

Dies ist dann der Vorgang der Dissoziation.

Wie bereits aus dem Beispiel der Ammoniak-Synthese hervorging, ist der Einfluß der Temperatur auf die Gleichgewichtskonstante K_p häufig für die Art der Verfahrensdurchführung entscheidend. Aus diesem Grunde ist es zweckmäßig, die Abhängigkeit der Gleichgewichtskonstanten von der Temperatur festzustellen und in einem Diagramm zu veranschaulichen. Man trägt am besten $\ln K_p$ als Ordinate und die absolute Temperatur T als Abszisse auf. Um eine ganz allgemeine Vorstellung von dem Aussehen dieser Kurven zu erhalten, benutzt man Gl. (172) zur zeichnerischen Darstellung. Setzt man in dieser Gleichung vorübergehend:

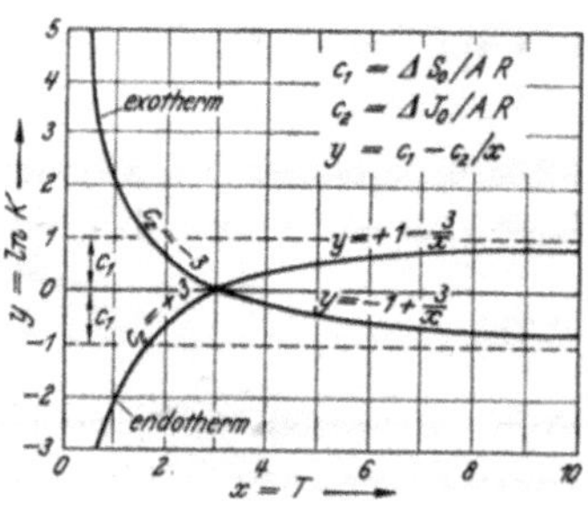

Abb. 26. Darstellung von ln K als Funktion von T [nach Gl. (173)].

$$\ln K_p = y, \qquad T = x,$$

$$\Delta S_0/A\,\Re = c_1, \qquad \Delta J_0/A\,\Re = c_2,$$

so erhält man:

$$y = c_1 - \frac{c_2}{x}. \tag{173}$$

Dies ist die Gleichung einer Hyperbel mit der Y-Achse als senkrechter und einer Parallelen im Abstand c_1 von der X-Achse als waagerechter Asymptote. Auf Abb. 26 ist dieser Zusammenhang dargestellt. Für $x = \infty$ wird $y = +c_1$, für $x = 0$ wird $y = -\infty$ bei $c_2 > 0$ und $y = +\infty$ für $c_2 < 0$. Für $c_2 < 0$ wird c_1 ebenfalls < 0. Wird $c_2 = \Delta J_0/A\,\Re$ positiv, so ist die Reaktion endotherm und mit zunehmender Temperatur $T = x$ wächst $\ln K_p$. Wird $c_2 = \Delta J_0/A\,\Re$ negativ, so liegt eine exotherme Reaktion vor und mit zunehmender

Temperatur T verkleinert sich K_p. Die beiden Hyperbeln nähern sich mit wachsendem T dem Asymptotenwert $c_1 = +\Delta S_0/A\,\mathfrak{R}$ bzw. $c_1 = -\Delta S_0/A\,\mathfrak{R}$, dem Zustand der Maximum-Freiheit. Mit kleiner werdender Temperatur T ist nicht mehr $c_1 = \Delta S_0/A\,\mathfrak{R}$ maßgebend, sondern der Wert $c_2 = \Delta J_0/A\,\mathfrak{R}$. Mit $T = 0$ und $\ln K_p = +\infty$ oder $-\infty$ wird der Zustand größter Sicherheit erreicht.

Auf Abb. 27 sind solche Hyperbeln der Gleichgewichtskonstanten für die so wichtigen Reaktionen bei der Herstellung der Komponenten für den synthetischen Gummi nach ROSSINI[1] aufgetragen. Der synthetische Gummi wird heute in Amerika in großem Maßstabe aus Petroleum durch Polymerisation von 1,3-Butadien und Styrol hergestellt. Die Reaktionsgleichung für die Gewinnung des 1,3-Butadiens aus dem 1-Butan durch Dehydrierung lautet:

$$C_4H_8\,(\text{g, 1-Butan}) = C_4H_6\,(\text{g, 1,3-Butadien}) + H_2\,(\text{g}). \tag{174}$$

Die Hyperbel nach Gl. (173) erhält hier mit $\log_{10}$ K die Gleichung

$$\log K = 5{,}8 - \frac{5900}{T}\,; \qquad K = \frac{[C_4H_6]\cdot[H_2]}{[C_4H_8]}. \tag{175}$$

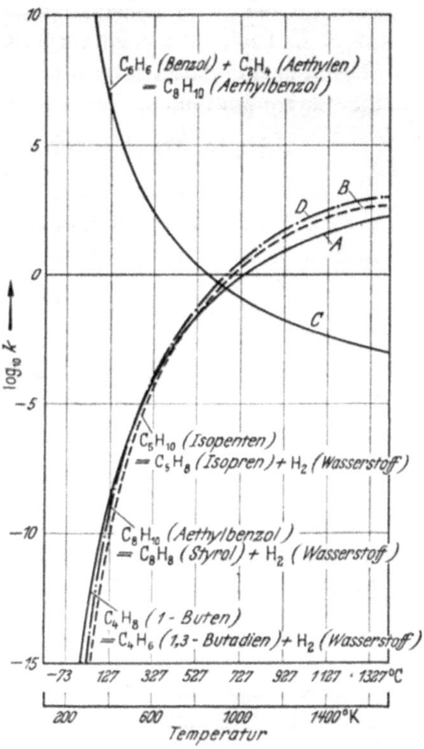

Abb. 27. Reaktions-Gleichgewichte bei der Herstellung von synthetischem Gummi (nach ROSSINI).

Die Ausbeute an 1,3-Butadien wächst mit K. Da aber K entsprechend der endothermen Reaktion mit zunehmender Temperatur T größer wird, so wird das Gleichgewicht bei *hohen* Temperaturen günstiger. Der Verlauf der Gleichgewichtshyperbel wird durch Kurve A in Abb. 27 dargestellt. Der Asymptotenwert log K der Hyperbel ist $+5{,}8$.

Im weiteren Verlauf der Fabrikation wird nun durch Hinzufügung von Äthylen zu Benzol das Äthylbenzol gewonnen gemäß folgender Reaktionsgleichung:

[1] ROSSINI, D.: Chemical Thermodynamics 1950, S. 446.

$$C_2\,H_4\,(g, \text{Äthylen}) + C_6H_6\,(g, \text{Benzol}) = C_8\text{—}H_{10}\,(g, \text{Äthylbenzol}) \tag{176}$$

Diese Gasreaktion ist exotherm und wird nach Gl. (173) dargestellt durch:

$$\log K = -\,6{,}77 + \frac{5550}{T}\,; \qquad K = \frac{[C_8H_{10}]}{[C_2H_4]\cdot[C_6H_6]}\,. \tag{177}$$

Hier vermindert sich log K mit zunehmender Temperatur entsprechend dem exothermen Vorgang. Für $T = \infty$ wird $\log K = -6{,}77$. Deshalb muß diese Gasreaktion, um positive Werte von $\log K$ zu erhalten, bei verhältnismäßig *niedrigen* Temperaturen durchgeführt werden. Die Äthylbenzolkurve ist die Hyperbel C in Abb. 27.

In der nun darauffolgenden Dehydrierung wird aus dem Äthylbenzol das Styrol gewonnen. Die Gasreaktionsgleichung lautet hierfür:

$$C_8H_{10}\,(g, \text{Äthylbenzol}) = C_8H_8\,(g, \text{Styrol}) + H_2\,(g). \tag{178}$$

Die Gleichgewichtshyperbel dieser Gasreaktion wird durch D veranschaulicht. Die thermodynamische Gleichung dieser Hyperbel weicht nicht sehr von der A-Hyperbel für 1,3-Butadien ab. Sie lautet:

$$\log K = 6{,}6 - \frac{6250}{T}\,; \quad K = \frac{[C_8H_8]\cdot[H_2]}{[C_8H_{10}]}\,. \tag{179}$$

Die Hyperbel B in Abb. 27 schließlich zeigt den $\log K$ als Funktion der Temperatur T für die Dehydrierungs-Reaktion des Isopentens zum Isopren gemäß der Reaktionsgleichung:

$$C_5H_{10}\,(g, \text{Isopenten}) = C_5H_8\,(g, \text{Isopren}) + H_2\,(g). \tag{180}$$

Das Gleichgewicht für diese Reaktion wird hier ebenfalls wie bei Kurven A und D bei höheren Temperaturen günstiger. Die Gleichgewichtshyperbel-Gleichung für B lautet:

$$\log K = 6{,}55 - \frac{6650}{T}\,; \quad K = \frac{[C_5H_8]\cdot[H_2]}{[C_5H_{10}]}\,. \tag{181}$$

Auf die Einzelheiten der Herstellung von synthetischem Gummi soll hier nicht näher eingegangen werden. Die Ausführungen sollten lediglich zeigen, daß die Kenntnis der Gleichgewichtskonstanten und ihrer Abhängigkeit von der Temperatur für Modell und Hauptausführung in gleicher Weise gelten und daß deshalb die Gleichgewichtskonstante als brauchbare Ähnlichkeitskenngröße für die chemischen Reaktionen ähnlicher Verfahren (Modell und Hauptausführung) bewertet werden muß.

Wie nun die NEWTONsche Trägheitskenngröße λ bei der Rohrreibung der strömenden Flüssigkeit abhängig ist von der REYNOLDSschen Zahl Re, so ist auch die Gleichgewichtskonstante keine eigentliche konstante Zahl für alle Temperaturen, sondern abhängig von den Temperaturen der chemischen Reaktionen.

Die Kenntnis der Gleichgewichtskonstanten und ihrer Abhängigkeit von der Temperatur ist zwar sehr wichtig und unbedingt notwendig, aber sie ist noch nicht hinreichend, um auf der Grundlage des Modellversuches die Abmessungen der Großapparatur berechnen zu können. Wie bei den physikalischen Vorgängen, so wird auch bei den chemischen Reaktionen des Stoffaustausches der Gleichgewichtszustand erst nach unendlich langer Zeit erreicht oder bei unendlich kleiner Geschwindigkeit des Fortganges der Umsetzung. Während aus der Größe der Gleichgewichtskonstanten Schlüsse über die Verwandtschaft der reagierenden Komponenten gezogen werden können und durch die Abhängigkeit von der Temperatur sogar die Art des Verfahrens beeinflußt werden kann, so vermag die Gleichgewichtskonstante doch nichts über die Geschwindigkeit auszusagen, mit der die chemische Veränderung vonstatten geht. Obwohl beispielsweise Wasserstoff und Sauerstoff bei gewöhnlichen Temperaturen eine sehr hohe Affinität zueinander besitzen, so kann doch ein Gemisch dieser beiden Gase beliebig lange bestehen, ohne daß man einen meßbaren Betrag der sehr langsam fortschreitenden Reaktion feststellen kann. Wenn auch somit die Theorie des Gleichgewichtes eine thermodynamisch-statistische Aufgabe darstellt, so besteht doch eine enge Beziehung zwischen der Theorie des Gleichgewichtes und der der Geschwindigkeiten. Dies ist deshalb der Fall, weil die an der Reaktion teilnehmenden Moleküle durch aktivierte Zustände gelangen, die mit großer Annäherung als im Gleichgewicht stehend mit den Molekülen in ihren Normalzuständen angesprochen werden können. Die Aufgabe der Geschwindigkeitsberechnung zerfällt daher in zwei Teile: Zunächst müssen die Konzentrationen bzw. die Aktivitäten oder Teildrücke der aktivierten Moleküle mittels der Gleichgewichtskonstanten berechnet werden und dann die Reaktionsgeschwindigkeiten der aktivierten Moleküle. Obwohl hier im weiteren Verlauf der Ähnlichkeitsbetrachtungen nur das Verhältnis von Geschwindigkeiten maßgebend ist, so soll doch zur Förderung des allgemeinen Verständnisses dieser Vorgänge nach Keith J. Laidler[1] der Zusammenhang zwischen der allgemeinen Gleichgewichtskonstanten und der chemischen Reaktionsgeschwindigkeit besprochen werden. Bei diesen Vorgängen spielt die freie Enthalpie in der Thermodynamik des Stoffüberganges eine ähnliche Rolle wie die potentielle Energie in der Mechanik. Ein mechanisches System kann in ein Gebiet niederer potentieller Energie nur übergehen, wenn es von dieser neuen Lage nicht durch ein Gebiet höherer Energie getrennt ist. Ebenso kann ein chemisches System zu einer Stellung geringerer freier Enthalpie nur gelangen, wenn es nicht durch Gebiete höherer freier Enthalpie getrennt ist. Damit überhaupt irgendeine

[1] Laidler, Keith J.: Chemical Kinetics, S. 73. New York: McGram-Hill Book Co., Inc. 1950.

chemische Veränderung stattfinden kann, müssen sich zunächst die beteiligten Atome oder Moleküle zu einem aktivierten Komplex zusammenscharen. Dieser Komplex liegt auf einer höheren Energieschranke zwischen Anfangs- und Endzuständen. Die Stoffaustauschgeschwindigkeit bei der Reaktion wird nun von der Geschwindigkeit beherrscht, mit der die Moleküle des aktivierten Komplexes über den Gipfel der Energieschranke wandern. Wenn nun eine chemische Reaktion

$$A + B \rightleftharpoons C + D$$

vorliegt, so steht nach der durch den bisherigen Erfolg bereits gerechtfertigten Annahme der aktivierte Komplex X_1 mit den Ausgangsstoffen A und B im Gleichgewicht. Hierdurch wird eine neue Gleichgewichtskonstante

$$K_1 = \frac{[X_1]}{[A]\,[B]}, \tag{182}$$

die von der früheren allgemeinen Gleichgewichtskonstante

$$K = \frac{[C]\,[D]}{[A]\,[B]}.$$

verschieden ist, in die Betrachtungsweise eingeführt. K_1 ist mit der Änderung der normalen freien Enthalpie durch die Gleichung verbunden:

$$-\Delta G_1 = A\,\mathfrak{R}\,T \ln K_1.$$

Ähnlich findet man für die umgekehrte Reaktion zwischen C und D die Gleichgewichtskonstante:

$$K_{-1} = \frac{[X_1]}{[C]\,[D]}, \tag{183}$$

und

$$-\Delta G_1 = A\,\mathfrak{R}\,T \ln K_{-1}.$$

Vergleicht man K_1 und K_{-1} mit dem vollkommenen Gleichgewicht, so erhält man:

$$\frac{[C]\,[D]}{[A]\,[B]} = K = \frac{K_1}{K_{-1}}$$
$$= e^{-(\Delta G_1 - \Delta G_{-1})/A\,\mathfrak{R}\,T},$$
$$= e^{-\Delta G/A\,\mathfrak{R}\,T}.$$

Die spezifische Geschwindigkeit der Reaktion ist nun bekanntlich[1] gegeben durch:

$$K_1 = k \cdot \frac{k_0}{h_0} \cdot T \cdot K_1.$$

[1] EYRING, H.: J. Chem. Physics Bd. 3 (1935) S. 107. — W. F. K. WYNNE-JONES and H. EYRING: J. Chem. Physics Bd. 3 (1935) S. 492.

Setzt man, wie häufig zulässig, den Übergangskoeffizienten $k = 1$, so wird mit:

$$-A\,\Re\,T \ln K_1 = \Delta G_1 = \Delta J_1 - T\,\Delta S_1,$$

$$k_1 = \frac{k_0}{h_0} \cdot T \cdot e^{\Delta S_1/A\Re} \cdot e^{-\Delta J_1/A\Re T}.$$

Bei Benutzung von Logarithmen wird:

$$\ln k_1 = \ln\left(\frac{k_0}{h_0} \cdot e^{\Delta S_1/A\Re}\right) + \ln T - \frac{\Delta J_1}{A\,\Re\,T}. \tag{184}$$

In dieser Gleichung bedeuten:

k_1 $v/[A]\,[B]$ = Anzahl Moleküle im Komplex X_1 in der Sekunde pro $[A]\,[B]$,
k_0 $1{,}380 \cdot 10^{-16}$ Erg per °K,
h_0 $6{,}624 \cdot 10^{-27}$ Erg-sec,
ΔS_1 Entropievergrößerung in cal/°K,
ΔJ_1 Enthalpievergrößerung in cal/g,
$A\,\Re$ 1,986 cal/grad, mol.

ΔS_1 in Gl. (184) verändert sich nicht sehr mit der Temperatur. Ferner ist $\ln T$ verglichen mit $\Delta J_1/A\,\Re\,T$ klein, so daß es vernachlässigt werden kann. In einem Koordinatensystem mit $\ln K_1$ als Ordinate und mit $1/T$ als Abszisse wird die Gleichung:

$$\ln k_1 = \ln\left(\frac{k_0}{h_0} \cdot e^{\Delta S_1/A\Re}\right) - \frac{\Delta J_1}{A\,\Re} \cdot \frac{1}{T}$$

durch eine Gerade mit der Neigung $-\Delta J_1/A\,\Re$ dargestellt. Ganz allgemein kann man also die Geschwindigkeit k darstellen:

$$k = A \cdot e^{\Delta S_1/A\Re} \cdot e^{-\Delta J_1/A\Re T}. \tag{185}$$

Die Größe A hat hierbei den Wert:

$$A = \left(\frac{k_0}{h_0} \cdot T\right).$$

Nachdem diese Reaktionsgeschwindigkeit k durch Versuche im Laboratorium festgestellt worden ist, muß nach einer Formelbeziehung Ausschau gehalten werden, die die Reaktionsgeschwindigkeit k mit den maßgebenden Größen der Reaktionsapparatur verbindet. Es soll hierbei im Sinne des Ähnlichkeitsprinzipes ein ganz einfacher, von den Gedanken gängen Dammköhlers und Traustels abweichender Weg beschritten werden, der sich eng an die Ausführungen über Ähnlichkeitsbeziehungen für Wärmeaustauscher anschließt. Mehr den praktischen Belangen Rechnung tragend, soll die Reaktionsgeschwindigkeit k für die folgende Berechnung in [m/h] ausgedrückt werden.

Bei einem gegebenen Druck und einer gegebenen Temperatur ströme durch die Reaktionsapparatur entlang einer gegebenen Umsetzungsfläche $F_0[\mathrm{m}^2]$ die Gasmenge q $[\mathrm{m}^3/\mathrm{h}]$. Die auf den freien Querschnitt bezogene Geschwindigkeit der *Längsströmung* sei w [m/h], der freie Querschnitt betrage f_0 [m²]. Die Umsetzgeschwindigkeit der *Querströmung* sei, wie bereits oben gesagt, k [m/h]. Zur Aufstellung einer der Wirklichkeit nahen und erfolgversprechenden Berechnungsmethode muß man zunächst einige durch die Erfahrungen der Praxis gut bestätigte Annahmen machen: Die Reaktionsgeschwindigkeit k im Apparat möge konstant sein. Die sich an der katalytischen Austauschfläche durch Reaktion umsetzende Menge ändere sich entlang dem Apparat entsprechend dem Naturgesetz des 2. Hauptsatzes proportional dem Abstand von der theoretisch im Unendlichen erst erreichbaren Grenzzusammensetzung, der 100proz. Reaktion. Es soll also stets, auch bei noch so großer Austauschfläche, ein gewisses Konzentrationsgefälle zwischen der 100proz. und der wirklichen Umsetzung vorhanden sein. In einem x—y-Diagramm (Abb. 28) mit y als Bruchteil der zugeführten Menge q, der umgesetzt ist,

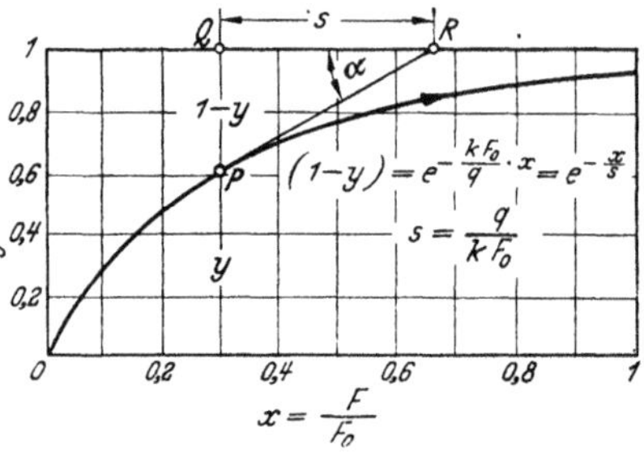

Abb. 28. Abhängigkeit des Umsetzungsgrades y vom Austauschflächengrad x.

und mit $x = F/F_0$ als Bruchteil der benutzten Austauschfläche, auf der qy umgesetzt ist, ist im Schema der exponentielle Verlauf der Reaktion angedeutet. Wenn also entlang der elementaren Austauschfläche dF die Elementarmenge $q \cdot dy$ ohne Volumverminderung oder Volumvergrößerung mit der konstanten Reaktionsgeschwindigkeit k umgesetzt wurde, so gilt die Gleichung:

$$q \cdot dy = k\,(1 - y)\,dF. \tag{186}$$

Bei Volumverminderung muß sein:

$$q \cdot dy > k\,(1 - y)\,dF. \tag{186a}$$

Bei Volumvergrößerung muß sein:

$$q \cdot dy < k\,(1 - y)\,dF. \tag{186b}$$

Zunächst soll Gl. (186) weiter verfolgt werden.

Aus Gl. (186) folgt:

$$d\,[\ln\,(1 - y)] = -\frac{k}{q} \cdot dF.$$

Nach Integration:

$$\ln\,(1 - y) = -\frac{k}{q} \cdot F + \ln C_0.$$

Da für $F = 0$ auch $y = 0$ sein soll, so ergibt sich aus

$$\ln 1 = -\frac{k}{q} \cdot 0 + \ln C_0,$$

$$\ln C_0 = 0 \text{ und } C_0 = 1.$$

Hiermit findet man dann die Gleichung in exponentieller Form:

$$(1-y) = e^{-\frac{kF}{q}} = e^{-\frac{kF_0}{q}\cdot\frac{F}{F_0}}$$

Setzt man noch zur Abkürzung:

$$\frac{F}{F_0} = x,$$

so wird:

$$(1-y) = e^{-\frac{k\cdot F_0}{q}\cdot x} \tag{187}$$

y ist hier der Bruchteil der durch die chemische Reaktion umgesetzten Menge (Umsetzungsgrad) und x ist der zu dieser Umsetzung erforderliche Bruchteil der Austauschfläche F_0 (Austauschflächengrad). x und y sind dimensionslose Kenngrößen. Die dimensionslose Größe q/kF_0 in Gl. (187) hat eine für die Ähnlichkeit bei chemischen Reaktionsapparaturen wichtige Bedeutung, die aus folgenden Ausführungen hervorgeht: Bildet man aus Gl. (187) den Differentialquotienten dy/dx, so erhält man:

$$\frac{dy}{dx} = \frac{k\cdot F_0}{q}\cdot e^{-\frac{kF_0}{q}\cdot x} = \operatorname{tg}\alpha, \tag{188}$$

oder auch:

$$\frac{dy}{dx} = \frac{kF_0}{q}(1-y) = \operatorname{tg}\alpha. \tag{188a}$$

Aus dem Dreieck PQR der Abb. 28 mit PR als Tangente im Punkte P und QR als Subtangente folgt ferner:

$$\frac{(1-y)}{s} = \operatorname{tg}\alpha.$$

Aus Vergleich dieser Gleichung mit Gl. (188a) ergibt sich

$$s = \frac{q}{k\cdot F_0} = \text{Subtangente } QR. \tag{189}$$

Für alle Punkte P der Exponentialkurve

$$(1-y) = e^{-\frac{x}{s}} \tag{190}$$

hat die Subtangente QR den gleichen Wert $s = q/kF_0$.

Der dimensionslose Wert s ist eine wichtige Ähnlichkeitskenngröße für die Umrechnungsapparatur, in der die chemische Reaktion vonstatten geht. Wie Abb. 29 zeigt, überdecken die Exponentialkurven des Kurvenbüschels mit dem Koordinaten-Nullpunkt 0 als Mittelpunkt für die zwischen $s = 0$ und $s = \infty$ liegenden Kenngrößen s den Flächenstreifen in der Darstellungsebene, der von $y = 0$ und $y = 1$

begrenzt wird. Die Abbildung läßt beispielsweise erkennen, daß für einen Wert $s = 0{,}5$ nur $y = 86\,\%$ der zugeführten Menge q durch Reaktion umgesetzt wird. Physikalisch-chemisch gesehen bedeutet die Ähnlichkeitskenngröße s das Verhältnis der zugeführten Durchsatzmenge q [m^3/h] am Anfang der Apparatur zur abgeführten Umsatzmenge kF_0 [$m^3h/$] am Ende der Apparatur. Man sieht aus Abb. 29, daß $s \lesseqgtr 0{,}25$ sein sollte. Bei $s = 0{,}1$ ist bereits nach Durchströmung von 0,6 der Reaktionsfläche F_0 ein Betrag von 99,8 % in Reaktion gegangen. Dieses Ergebnis wird durch große Werte von k und F_0 erzielt.

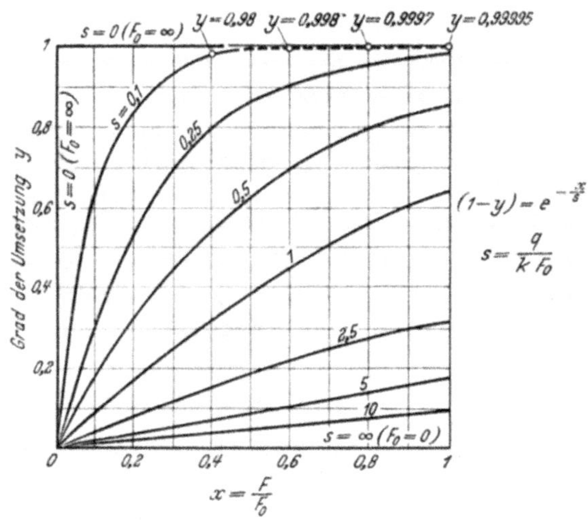

Abb. 29. Umsetzungsverlauf im Apparat bei verschiedenen $s = q/kF_0$-Werten.

Man kann die Größe s in einen Flächenfaktor und einen Geschwindigkeitsfaktor zerlegen, wenn man q durch den Strömungsquerschnitt f_0 und durch die Strömungsgeschwindigkeit w [m/s] entlang dem Rohr ausdrückt:

$$q = w \cdot f_0.$$

Hiermit kann dann Gl. (189) geschrieben werden:

$$s = \left(\frac{f_0}{F_0}\right) \cdot \left(\frac{w}{k}\right). \tag{191}$$

f_0/F_0 ist der Flächenfaktor und w/k der Geschwindigkeitsfaktor. Bei Benutzung von Reaktionsrohren mit Füllkörpern kann man eine weitere Zerlegung vornehmen: Besitzen die Füllkörper eine aus den Prospekten der Lieferfirmen zu entnehmende spezifische Oberflächengröße a [m^2/m^3], so ist:

$$F_0 = f_0 \cdot H \cdot a,$$

wenn H die Rohrlänge bedeutet. Setzt man diesen Wert von F_0 in Gl. (191) ein, so findet man:

$$s = \left(\frac{1}{H \cdot a}\right) \cdot \left(\frac{w}{k}\right). \tag{192}$$

Eine 100proz. Ausnutzung des Apparates, also $y = 1$, gibt es nicht, da für $y = 1$ nach Gl. (190) der Wert $s = 0$ und somit die Austauschfläche $F_0 = \infty$ werden müßte. Nach Gl. (190) ist:

$$s = -\frac{x}{\ln(1-y)}. \tag{193}$$

Hiermit kann dann Gl. (192) auch geschrieben werden:

$$-\frac{x}{\ln(1-y)} = \left(\frac{1}{H \cdot a}\right) \cdot \left(\frac{w}{k}\right). \tag{192a}$$

Nach Gl. (193) wird die Ähnlichkeitskenngröße s durch die bei dem Grad x der teilweisen Ausnutzung der Austauschfläche F_0 verlangten Grad y der Umsetzung bestimmt. Mann könnte deshalb den Wert s auch mit

„Ausnutzungsgröße A"

bezeichnen. $1/Ha$ stellt das Verhältnis der Querschnittsfläche f_0 zur Gesamt-Austauschfläche F_0 dar und kann als

„Flächengröße O"

bezeichnet werden.

Das Verhältnis der Durchsatzgeschwindigkeit w zur Reaktionsgeschwindigkeit k soll

„Geschwindigkeitsgröße W"

heißen. Mit diesen Abkürzungen kann Gl. (192a) als Gleichung zwischen den maßgeblichen Ähnlichkeitskenngrößen geschrieben werden:

$$A = O \cdot W. \tag{194}$$

Soll nun auf Grund von Versuchen an der Modell-Reaktionsapparatur im kleinen Maßstab die große Betriebsapparatur bemessen werden, so müssen beide Ausführungen die gleichen Ähnlichkeitskenngrößen besitzen:

$$\left.\begin{aligned} A &= s = -\frac{x}{\ln(1-y)} \\ O &= 1/H \cdot a \\ W &= w/k. \end{aligned}\right\} \tag{195}$$

$A = s$ drückt hierbei die durch die beiden ähnlichen Apparate erzielbaren gleichen *chemischen* Ergebnisse aus, $O = 1/Ha$ ist ein Maß für die gleichen *geometrischen* Bedingungen der Austauschfläche und $W = w/k$ kennzeichnet die gleichen *kinetischen* Verhältnisse von Modell und Hauptausführung. Länge, Zeit und Grad der chemischen Reaktion werden durch die Gleichung zwischen den Größen A, O und W aufeinander abgestimmt. Durch die Bestimmung der Gleichgewichtskonstanten K und ihrer Abhängigkeit von der Temperatur T wird zunächst die günstigste Art des Reaktionsverfahrens und die Reaktionsgeschwindigkeit k festgestellt, durch A wird die chemische Ausnutzung der Apparatur festgelegt und durch O und W die zeitliche Durchsatzmenge dem gewählten Verfahren angepaßt.

Ein einfaches Beispiel soll den Gebrauch der Gl. (192a) erläutern:

In einem Reaktions-Röhrenapparat mit Füllkörpern (8-mm-Raschigringe) soll eine chemische Gasreaktion durchgeführt werden. Die Gleichgewichtskonstante und ihre Temperaturabhängigkeit seien bestimmt worden. Die in einem Versuchsrohr von 100 mm ⌀ und 2000 mm Länge gemessene Gasmengen-Geschwindigkeit betrage 16 m^3/h, während die Reaktionsgeschwindigkeit zu $k = 8$ m/h festgestellt sein möge.

Welchen Durchmesser und welche Länge muß das Reaktionsrohr der Betriebsausführung für die 40fache Gasmenge unter denselben Druck- und Temperaturverhältnissen wie beim Modellversuch besitzen? Die Oberfläche von 8-mm-Raschigringen beträgt $a = 550$ m^2 pro m^3, die von 25 mm nur $a = 200$ m^2 pro m^3.

Lösung: Bei einer stündlichen Gasmenge von 16 m^3/h und einem Rohrdurchmesser von 100 mm beträgt die Durchsatzgeschwindigkeit

$$w = \frac{q}{f_0} = \frac{16}{0{,}00785} = 2040 \text{ m/h}.$$

Hieraus folgt die Kenngröße:

$$W = \frac{w}{k} = \frac{2040}{8} = 255.$$

Aus $H = 2$ m und $a = 550$ findet man:

$$\frac{1}{H \cdot a} = \frac{1}{2 \cdot 550} = \frac{1}{1100}.$$

Nach Gl. (192) und (192a) wird:

$$s = -\frac{1}{\ln(1-y)} = \left(\frac{1}{H \cdot a}\right) \cdot \left(\frac{w}{k}\right) = \frac{255}{1100} = 0{,}232$$

und

$$1 - y = e^{-\frac{1}{0{,}232}} = e^{-4{,}3} = 0{,}0136,$$

$$y = 0{,}9864 \sim 99\,\%.$$

Für die verlangte 40fache Gasmenge, die zum Unterschied zur Gasmenge der Modellausführung mit $q' = f_0' \cdot w'$ bezeichnet werden möge, gilt die Beziehung:

$$\frac{q'}{q} = \frac{f_0' \cdot w'}{f_0 \cdot w} = 40.$$

Es werde folgende Verteilung auf Querschnitts- und Geschwindigkeitsverhältnis gewählt:

$$\frac{f_0'}{f_0} = 25,$$

$$\frac{w'}{w} = 1{,}6.$$

Hiermit ergibt sich aus der Geschwindigkeitsgröße

$$W = \frac{w}{k} = 255,$$

die Reaktionsgeschwindigkeit k' der Großausführung zu:

$$k' = \frac{w'}{W} = \frac{1{,}6 \cdot 2040}{255} = 12{,}8 \text{ m/h}$$

und die Durchsatzgeschwindigkeit der Großausführung zu:

$$w' = 1{,}6 \cdot w = 1{,}6 \cdot 2040 = 3264 \text{ m/h}.$$

Bei der größeren Geschwindigkeit von $w' = 3264$ m/h (= 0,91 m/s) müssen größere Raschigringe 25 mm mit einer spezifischen Oberfläche von

$$a = 200 \text{ m}^2/\text{m}^3$$

verwendet werden. Hiermit ergibt sich aus der reziproken Flächengröße 1/0:

$$\frac{1}{0} = H \cdot a = H \cdot 200 = 1100$$

die Höhe des Reaktionsrohres zu:

$$H = \frac{1100}{a} = \frac{1100}{200} = 5{,}5 \text{ m}.$$

Der Säulenquerschnitt der Großausführung errechnet sich zu:

$$f_0' = f_0 \cdot 25 = 0{,}00785 \cdot 25 = 0{,}196 \text{ m}^2.$$

Der Säulendurchmesser folgt hieraus zu:

$$d_0' = 500 \text{ mm}.$$

Für den praktischen Verfahrensingenieur wichtig ist es noch, zu wissen, um wieviel sich die Höhe H des Reaktionsrohres bei gleicher Geschwindigkeitsgröße $W = 255$ und gleicher Raschigringgröße 25 mm vergrößern würde, wenn am Ende des Rohres eine Umsetzung von $y = 99{,}995\,\%$ statt $y = 98{,}64\,\%$ verlangt würde:

Nach Gl. (195) müßte dann für $x = 1$ die Ausnutzungsgröße A den Wert annehmen:

$$s. = A = -\frac{1}{\ln(1-y)} = -\frac{1}{\ln(1-0{,}99995)} = -\frac{1}{\ln 0{,}00005} = -\frac{1}{\ln(5 \cdot 10^{-5})}$$

Man kann den Wert von $A = s$ unmittelbar zu $A = 0{,}1$ aus Abb. 29 ablesen. Hier soll jedoch außerdem zur Einübung derartiger Rechenverfahren der Wert A errechnet werden:

Aus obiger Gleichung folgt:

$$\ln (5 \cdot 10^{-5}) = -\frac{1}{A}$$

oder durch die e-Funktion ausgedrückt:

$$5 \cdot 10^{-5} = e^{-1/A} = \frac{1}{e^{1/A}},$$

$$e^{1/A} = \frac{1}{5 \cdot 10^{-5}} = \frac{10}{5} \cdot 10^4 = 2 \cdot 10^4,$$

$$\frac{1}{A} \log e = \log 2 + \log 10^4 = 0{,}30103 + 4,$$

$$\frac{1}{A} \cdot 0{,}4343 = 4{,}30103,$$

$$\frac{1}{A} = \frac{4{,}30103}{0{,}4343} = 10,$$

$$s = A = 0{,}1.$$

Mit $A = 0{,}1$ und $W = 255$ folgt aus Gl. (194):

$$O = \frac{A}{W} = \frac{0{,}1}{255} = \frac{1}{H \cdot a} = \frac{1}{H \cdot 200},$$

$$H = \frac{255}{0{,}1 \cdot 200} = \frac{255}{20} = 12{,}75 \text{ m}.$$

Die Erhöhung des Umsetzungsgrades von 98,64% auf 99,995% um nur 1,355% vergrößert die Höhe des Reaktionsrohres von $H = 5{,}5$ m auf $H = 12{,}75$ m um den beträchtlichen Wert von $\Delta H = 7{,}25$ m, das sind 132%.

Der Grund für diese auf den ersten Blick überraschende Erscheinung, die überdies auch bei den anderen Apparaten des Wärme- und Stoffaustausches auftritt, liegt mathematisch gesehen in der Gestalt der Exponentialkurven und thermodynamisch betrachtet in der durch das Naturgesetz des 2. Hauptsatzes gegebenen Tatsache, daß sich die Reaktion mit zunehmender Annäherung an die Grenzlage wegen Verkleinerung der treibenden freien Enthalpiedifferenzen verlangsamen muß. Die Grenzlage der 100proz. Umsetzung selbst aber kann nur bei unendlich großer Länge des Reaktionsrohres, das heißt also niemals, erreicht werden.

Zum Schluß der Ausführungen über die Ähnlichkeit bei chemotechnischen Vorgängen sollen noch einige allgemeine Bemerkungen über die Anwendung des Ähnlichkeitsgrundsatzes in der chemischen Industrie folgen: Da es sich bei diesen Verfahren um die Benutzung von Ähnlichkeitsgesetzen aus den verschiedensten Gebieten, z. B. der

Statik, der Dynamik, der Thermodynamik, der physikalischen Chemie und der Elektrotechnik handelt, ist es nicht möglich, die Umrechnung vom Modellmaßstab in den Maßstab der Großausführung etwa durch ein einziges Ähnlichkeitsgesetz vorzunehmen. Allein schon die Einordnung von Vorgängen, bei denen außer dem NEWTONschen Trägheitsgesetz noch das REYNOLDSsche und FROUDEsche Ähnlichkeitsgesetz, wie etwa bei den Naßmühlen, zu befolgen sind, bereitet zunächst große Schwierigkeiten. Aber auch in diesen Fällen ist es möglich, durch geschickte Ausschaltung bzw. Vernachlässigung zunächst eine teilweise Ähnlichkeit für die Aufstellung von Berechnungsgrundlagen zu benutzen. Auch im Schiffbau, der Geburtstätte der Anwendung technischer Modelle, wo das Ähnlichkeitsprinzip, wenigstens in versteckter Form, bereits seit etwa 80 Jahren Heimatrecht erworben hat, sind zunächst ganz allgemein das NEWTONsche, REYNOLDSsche und FROUDEsche Gesetz zu erfüllen. Wie man sich hier erfolgreich bei den Untersuchungen mit Teillösungen schon lange begnügen konnte und durch Ausschaltung *eines* Gesetzes immerhin alle Vorgänge soweit betrachten konnte, daß sie auf dem Wege der Modellähnlichkeit verfolgt werden konnten, so kann auch bei den Aufgaben der chemischen Industrie meistens mit Erfolg nach den Grundgesetzen der Ähnlichkeitsphysik gearbeitet werden. In vielen Fällen empfiehlt es sich, solche Ähnlichkeitskenngrößen aus den grundlegenden Differentialgleichungen abzuleiten, die das physikalische und technische Geschehen des Verfahrensprozesses mathematisch gut wiederzugeben vermögen.

Sachverzeichnis.

Berichtigung.

Seite 20,	Zeile	20 v. o.	statt (46)	**lies:** (46a).
„ 23,	„	9 v. o.	statt K_1	**lies:** K_6.
„ 28,	„	4 v. u.	statt (58)	**lies:** (59a).
„ 32,	„	4 u. 5 v. o.	statt (74)	**lies:** (75a).
			„ (75)	**lies:** (75b).
„ 36,	„	13 u. 14 v. o.	statt (58)	**lies:** (59).
			„ (59)	**lies:** (59a).
„ 37,	„	11 u. 12 v. o.: (89)		
„ 68,	„	7 v. u.	statt: sind gleich,	**lies:** sind bei gleichen Stoffen gleich.
„ 70,	„	9 v. u.	statt (145)	**lies:** (145b).
	„	12 v. u.	statt (144)	**lies:** (145a).
„ 74,	„	6 v. u.	statt (144)	**lies:** (145a).
„ 75,	„	2 v. u.	statt (59)	**lies:** (59a).
	„	4 v. u.	statt (58)	**lies:** (59).
„ 61,	„	12 v. o.	**streiche:** „REYNOLDSsche Zahl“	

GPSR Compliance

The European Union's (EU) General Product Safety Regulation (GPSR) is a set of rules that requires consumer products to be safe and our obligations to ensure this.

If you have any concerns about our products, you can contact us on ProductSafety@springernature.com

In case Publisher is established outside the EU, the EU authorized representative is:

Springer Nature Customer Service Center GmbH
Europaplatz 3
69115 Heidelberg, Germany

Batch number: 10682323

Printed by Printforce, the Netherlands